LA
MONTAGNE
TREMBLANTE.

Abbeville. — Imp. de T. Jeunet, rue Saint-Gilles, 106.

LA
MONTAGNE
TREMBLANTE

PAR

JACQUES PORCHAT.

PARIS
GRASSART, LIBRAIRE-ÉDITEUR,

3, rue de la Paix, et rue Saint-Arnaud, 4.

1856

(Le droit de traduction est expressément réservé.)

LA
MONTAGNE TREMBLANTE.

Germany, 14 mai.

Mon cher Gustave,

Nos parents ne veulent pas que tu apprennes par les journaux le malheureux événement qui vient de jeter le trouble et la frayeur dans notre village. C'est une chose bien grave assurément; mais elle sera sans doute représentée comme plus fâcheuse et plus terrible encore qu'elle ne l'est en réalité. Je vais t'en faire un fidèle récit. Hier, vers les quatre heures après-midi, par un temps d'une sérénité parfaite, nous avons entendu un bruit sourd du côté de la montagne qui domine le village. C'était comme le roulement du tonnerre, mais plus égal et plus prolongé. Quelques personnes assurent qu'elles ont senti en même temps le sol trembler. Au presbytère, nos parents ont cru remarquer un frémissement dans les parois, comme lorsqu'il passe dans la rue une voiture pesamment chargée. Pour moi, je me promenais avec notre petite sœur le long du bois d'Etrambières : j'ai entendu le bruit souterrain comme les autres, et, presque au même instant, d'affreux craquements dans l'intérieur de la forêt. A peine ce fracas sinistre eut-il fixé notre attention, qu'il cessa de se faire entendre. J'aurais bien désiré d'en connaître la cause, mais la pauvre Marguerite tremblait et pleurait de frayeur, et j'ai dû la ramener bien vite à la maison.

J'ai trouvé tout le village en alarmes, et j'ai appris que, sur d'autres points, quelques personnes avaient vu tomber de la montagne et rouler jusqu'à la rivière des quartiers de rocher : je me suis alors expliqué le bruit que j'avais entendu dans la forêt. Quelques moments après, le garde, Louis Modier, est venu nous apprendre qu'une pierre énorme, qui avait au moins vingt pieds en tout sens, s'était détachée de la montagne et avait brisé aux Etrambières une douzaine de gros sapins ; après quoi elle s'était accotée contre une roche, qui avait probablement suivi autrefois le même chemin, et l'avait brisée en deux morceaux.

Mais ce qui a consterné tout le monde, c'est le rapport que nous a fait le chevrier, en ramenant avec effroi son troupeau une heure plus tôt que de coutume. Il avait vu, au moment où s'était fait entendre le bruit souterrain, une déchirure se former à la base des rochers qui terminent la montagne. Cette crevasse tenait toute la longueur du pâturage, c'est-à-dire au moins douze cents pas. Les chefs de famille sont allés aussitôt constater la chose. Il y a des endroits où l'ouverture a cinq ou six pieds de largeur ; en d'autres elle est seulement indiquée. Il semble que ce soit comme un premier effort, et qu'un second, qui lui serait pareil, emporterait tout.

Le moment où ces hommes sont rentrés au village a été bien triste ; chacun se pressait autour d'eux pour les entendre ; l'angoisse était générale ; le jour allait finir ; les femmes et les enfants, répandus hors des maisons, ne faisaient que se plaindre et gémir ; les hommes, réunis par groupes, causaient à voix basse, et se consultaient sur ce qu'il y avait à faire ; plusieurs proposaient de quitter Germany sur-le-champ, et de passer la nuit au bois des Biolaires, qui se trouve hors des points menacés.

Papa, qui était allé des premiers à la montagne, avait tardé plus que les autres à redescendre, ayant voulu s'assurer par un examen attentif, que le mouvement du terrain avait complétement cessé. Son absence nous inquiétait ; il parut enfin. Quand on vit monsieur le pasteur, on s'approcha de lui pour entendre son avis. Il parla d'un ton grave, mais avec beaucoup de calme et de fermeté. Sans blâmer les alarmes et le trouble de ses paroissiens, il leur dit qu'il ne croyait pas le danger imminent. Si la montagne avait dû s'écrouler, le mouvement aurait continué ; le bétail, un moment dispersé par la frayeur, ne serait pas revenu au pâturage ; on entendrait encore des bruits souterrains ; de pareilles crevasses se sont faites, à diverses époques, dans les Alpes, et les choses sont restées ensuite, durant des siècles, dans le même état.

— Si vous voulez, ajouta-t-il, éloigner les femmes et les enfants, à la bonne heure. Quelques hommes les accompagneront pour les protéger ; les autres resteront pour garder les maisons, les meubles et les récoltes. Nous avons d'ailleurs quelques malades et quelques infirmes, que nous ne pouvons emmener avec nous ce soir ni laisser sans secours. Je suis bien résolu à ne pas les quitter ; ma femme ne veut pas non plus sortir du village sans eux et sans moi ; nous y resterons avec nos enfants sous la garde de Dieu.

— Le Dieu qui vous gardera, monsieur le pasteur, est assez fort pour nous garder tous, s'est écriée aussitôt la vieille Marie, et je resterai, comme vous, sous son aile avec tous les miens.

Papa s'est empressé de féliciter Marie de sa pieuse confiance, et là-dessus tous ces braves gens, les uns après les autres, ont déclaré qu'ils attendraient dans leurs maisons la volonté du Seigneur. Chacun s'est retiré en silence, et la nuit s'est passée sans accident. On avait chargé deux hommes de faire le guet tour à tour ; ils n'ont pas eu besoin de troubler notre sommeil.

Nous venons de parcourir et d'observer la montagne. Je réserve les détails pour un autre jour. Il me suffira de te dire qu'on n'a pas trouvé le moindre changement dans l'état des lieux ; aussi les gens semblent tout rassurés. Le ciel est radieux, les troupeaux sont au pâturage, chacun travaille ; seulement on ne chante pas. Nous aurons soin de t'informer exactement de tout ce qui pourra survenir. Je me mets à ta place, mon cher Gustave, et je sens ce que tu vas éprouver en recevant cette lettre. Papa me charge de te recommander le calme et la tranquillité d'esprit nécessaires à tes études. Adieu, cher frère, je retourne à mes auteurs grecs et latins, sur lesquels j'aurai, je l'avoue, bien de la peine à fixer mon attention.

THÉODORE.

DE GUSTAVE [1].

Paris, 17 mai.

Mes chers parents,

La lettre de Théodore m'a bouleversé, et, depuis, je n'ai pu m'occuper à quoi que ce soit ; je n'ai pas fermé l'œil de toute la nuit. Le danger dont vous êtes menacés est toujours présent à ma pensée. Je vous conjure de permettre que j'aille vous rejoindre, pour vivre ou mourir avec vous. Aussi bien, tant que je vous saurai dans une position si menacée, je serai incapable de toute application ; je ne veux pas vous en dire davantage, et je vous supplie encore une fois d'accorder à votre fils aîné la grâce de vous assister dans ces terribles moments.

[1] Les lettres sans nom de correspondant sont de Théodore.

Les études auxquelles je suis voué fixent mon attention sur la structure du globe et des montagnes ; la géologie ne m'éclaire que trop sur les périls que vous courez. Mes professeurs m'en ont parlé d'une manière qui n'a pas diminué mes alarmes. Au nom du ciel, ne restez pas dans un lieu qui menace de s'abîmer, ou laissez-moi, chers parents, courir les mêmes dangers que vous. La seule crainte de vous déplaire m'empêche de partir sur-le-champ.

DE M. BUSSANGE.

Germany, 21 mai.

Je te réponds par le retour du courrier, mon cher fils, pour te défendre absolument d'interrompre tes études et de mettre à exécution ton dessein de revenir actuellement sous le toit du presbytère. Je comprends ton inquiétude et je te plains. Mais ton devoir est de rester à ton poste comme nous restons au nôtre. Si tu étais encore au village, tu partagerais notre sort ; Dieu a voulu t'éloigner d'ici ; tu es entré dans une carrière d'études que tu ne dois pas interrompre sans nécessité absolue ; les voyages coûtent fort cher, et tu sais que nous ne pouvons rien ajouter aux sacrifices qu'exige ta position présente. Enfin, il n'y a pas d'apparence que ta sœur, qui est en Hollande, puisse quitter ses élèves, et que M. et Mme Leuwen lui permettent d'accourir à Germany, comme tu voudrais le faire. Je suppose donc, ce qui me paraît toujours moins probable, que nous fussions sérieusement menacés, il nous semble à ta mère et à moi que c'est une dispensation de la Providence d'avoir ménagé, dans la personne de notre Gustave, un protecteur à Caroline, pour le cas où elle perdrait notre appui.

Retourne donc à tes travaux avec un nouveau courage, mon cher fils. Je sais qu'il t'en faut bien plus qu'à nous-mêmes. Un bon cœur ne peut voir froidement ses semblables, et particulièrement sa famille, dans un péril qu'il ne partage pas ; d'ailleurs, l'éloignement, l'absence, rendent l'imagination plus craintive ; on est difficilement maître de soi quand on peut tout supposer. Tâche que l'épreuve ne se trouve pas supérieure à tes forces. Pour moi, j'ai confiance en l'avenir ; ta maman et moi nous voudrions te persuader que tu dois être tranquille, puisque nous le sommes.

Il n'y a pas eu, depuis le premier jour, le moindre mouvement de terrain. La déchirure ne s'est point agrandie, quoi que puissent dire les peureux. Seulement un peu de terre s'est éboulée dedans de place en place, parce qu'elle manquait d'appui. La saison s'avance ; les beaux jours amèneront la sécheresse, et nous aurons moins à craindre que jamais le retour du terrible phénomène.

Germany, 23 mai.

Je veux remplir de mon mieux, cher Gustave, la promesse que je t'ai faite, et te donner des détails plus précis sur l'état de choses qui nous tient en alarmes. Je suis monté seul ce matin au pâturage d'Amont, afin d'observer la fissure dans toute son étendue et de pouvoir t'en faire une exacte description.

Après avoir traversé les cultures et les vergers, puis la forêt de hêtres et de sapins qui les protége, et qui me rappelait vivement ton souvenir, je suis arrivé au pâturage ; je l'ai franchi en caressant au passage vaches et veaux, et en saluant les petits bergers, qui ont déjà retrouvé leurs chansons. Enfin j'ai revu la fatale crevasse, et, si je n'avais pas eu des mesures exactes, elle m'aurait paru plus grande que le premier jour. C'était une illusion, et je m'en suis assuré par plus de vingt expériences. Une preuve certaine, c'est qu'en plusieurs endroits les arbrisseaux déchirés, les genévriers, les saules de montagne et quelques rhododendrons sont dans le même état où je les avais vus le lendemain de l'événement; c'est-à-dire attachés des deux côtés aux parois, comme pour s'efforcer de les rapprocher l'une de l'autre !

Dans quelques rares endroits où la déchirure a six pieds de largeur, elle en a jusqu'à trente de profondeur. Mais en général elle n'est large que deux pieds, et si peu profonde que je pouvais y descendre et en sortir aisément. Ailleurs c'est une simple fissure, comme nous en avons remarqué souvent dans les pentes rapides dont le sous-sol est argileux.

La direction est celle même de la base des rochers ; c'est une ligne irrégulière, tortueuse, qui se prolonge depuis le sentier, limite des terres communales, jusqu'à la petite cascade, auprès de laquelle nous avons appris si souvent les vers de Virgile ou d'Homère que papa nous avait donnés pour leçon. Cela fait bien douze cent trente-quatre pas : ainsi l'estimation du berger était assez exacte.

En observant l'intérieur de l'ouverture, je n'ai rien vu qui parût indiquer un soulèvement, comme tu parais le supposer, ni aucune trace qui annonce l'action d'un feu souterrain. Partout la déchirure semble être l'effet du poids des terres entraînées par leur propre masse.

Après avoir parcouru toute la ligne, je me suis assis sur la pierre moussue que tu préférais, et j'ai contemplé avec tristesse notre pittoresque vallée. Il n'y avait rien de changé, ou plutôt elle ne m'avait jamais paru si belle. Le printemps est dans toute sa fraîcheur. Sur les hauteurs les cerisiers fleurissent encore ; dans la forêt le vert tendre des hêtres se mêle avec les teintes sombres des sapins. Le chant des merles et des coucous, le cri des geais, montaient jusqu'à moi en se mêlant au passage avec les sonnettes de cent vaches, qui paissaient le premier gazon. Enfin mes yeux se sont arrêtés sur le village : tous les toits fumaient ; c'était l'heure où les ménagères préparent le dîner. Je suis resté là pensif, et tu devines à quoi je songeais. La vue du presbytère et de l'église m'a fait penser à nos parents, à notre Dieu. Je l'ai prié avec une ferveur toute nouvelle; quelques moments ont suffi pour apaiser mon trouble et me rendre une parfaite sérénité. C'est au retour de cette expédition, avant de reprendre mes travaux accoutumés, que je t'ai écrit cette lettre; je souhaite, mon cher Gustave, qu'elle te trouve aussi bien disposé que je le suis, sous une influence que nous apprîmes à connaître ensemble, dans un temps qui ne s'effacera jamais de notre mémoire.

Germany, 25 mai.

Puisque tu le désires, cher frère, je t'écrirai souvent. Nous te devons, depuis notre accident, des lettres plus fréquentes : nous le sentons bien, et, comme papa est plus occupé que jamais, il me charge de cette correspondance. Je vais, dit-on, me former le style par l'exercice. Assurément ce sera sans y songer, car je suis bien décidé à laisser courir ma plume librement, sans jamais chercher avec étude mes expressions, mes idées et surtout mes sentiments.

Aujourd'hui nous allons rire ensemble; oui, rire, aux dépens de M. Courtain. Qui est M. Courtain? C'est un géologue, je crois, une manière de savant, un expert employé du gouvernement, délégué d'office pour examiner l'état des lieux et en faire un rapport détaillé. Ce monsieur est arrivé, suivant l'usage, au presbytère ; car, dans notre village sans auberge, nous avons toujours le privilége de recevoir les hôtes du genre de celui-là.

M. Courtain est arrivé à cheval, mais si accablé, si pâle, que nous lui avons d'abord demandé s'il était malade. Nous n'avons pas tardé à reconnaître que tout son mal était dans l'imagination et qu'il tremblait de peur. Il arrivait avec l'idée que le village de Germany devait être enseveli d'un moment à l'autre, et, s'il avait pu se dispenser de constater par ses yeux notre prétendue détresse, sois assuré qu'il ne serait pas venu ; mais il avait reçu cette mission à l'improviste, et il n'aurait pu, sans s'exposer au ridicule et à la perte de son emploi, refuser d'obéir.

Nous lui offrons à déjeuner : il n'a point d'appétit ; il accepte seulement un coup de vin, qui le ranime un peu, et il prie papa de l'accompagner sur-le-champ avec les membres de la municipalité à l'endroit qu'il doit examiner par ordre. Notre père y consent, et je suis appelé, comme plus ingambe que le vieux Randier, à faire partie de la troupe pour tenir la plume. Me voilà, par intérim, secrétaire du conseil communal.

En vérité, c'est une chose bien misérable que la poltronnerie, surtout chez les hommes dont l'esprit a dû être éclairé par la science. M. Courtain n'a cessé d'être sur les épines pendant cette inspection, et tu peux croire qu'il ne l'a pas prolongée outre mesure. Il allait d'un tel pas qu'on avait de la peine à le suivre, alléguant des affaires pressantes qui le rappelaient à la ville. Mais je t'assure qu'il n'avait rien de plus pressant que le désir de nous quitter. Sa conversation et les questions qu'il nous adressait se sont naturellement ressenties du trouble de son esprit. Les notes que j'écrivais, chemin faisant, sous sa dictée, ne lui fourniront pas les éléments d'un rapport bien clair et bien instructif. Il aura la ressource de tout rejeter sur l'inexpérience du secrétaire.

La vue de la malheureuse crevasse l'a jeté dans une agitation extraordinaire. J'ai observé, avec une surprise qui plus d'une fois m'a fait sourire, qu'aussi souvent que l'espace le lui permettait, il passait au-dessus de la déchirure pour être à l'abri en cas de catastrophe soudaine. Tous les assistants ont remarqué son inquiétude, et je te laisse à penser si M. Courtain a donné de lui aux habitants de Germany une opinion favorable. Il aurait dû parcourir tout le territoire, mais il a préféré s'en rapporter à ce que nous avons pu lui dire, et il nous a ramenés au presbytère avec une admirable agilité. Maman voulait le retenir à dîner : la vue et l'odeur de deux beaux poulets, qui achevaient leur dernier tour de broche, n'ont pu décider M. l'inspecteur à retarder son départ d'une demi-heure. C'est un homme consciencieux ; je t'ai dit que des affaires pressantes le rappelaient à la ville. Adieu, frère, nous t'embrassons.

Germany, 28 mai.

Il est vrai, mon cher ami, que ce temps pluvieux peut te donner quelques inquiétudes. Les journaux ne parlent que de rivières débordées, de ponts emportés, de champs inondés. Cela est bien triste, et te fait songer aux habitants de Germany, dont la position t'alarme plus que tout le reste. Cependant nous vivons, nous allons ; un jour, un jour ; une nuit, une nuit ; et, véritablement, aucun indice ne nous autorise à croire notre situation plus fâcheuse qu'auparavant.

La cause de notre mal est plus profonde, disait papa; si nous devons en ressentir une atteinte nouvelle, ce ne sont pas quelques averses printanières qui la provoqueront.

Cependant, comme il voyait les imaginations alarmées de ce que les eaux pluviales qui viennent des hauteurs coulent dans la crevasse et pénètrent à de grandes profondeurs, il a conseillé aux habitants de combler le vide dans toute sa longueur. Ils se sont mis à l'ouvrage avec une ardeur incroyable. De bons voisins sont venus à notre aide, et dans trois jours ce sera une chose faite. Heureux si, en faisant disparaître les traces du mal, nous en avions détruit la cause! Aucun homme raisonnable ne peut se le figurer, et pourtant papa est persuadé, qu'une fois la solution de continuité disparue, les craintes disparaîtront en partie avec elle. Un avantage plus réel de ce travail c'est que, s'il doit se faire quelque mouvement dans le terrain, on le verra d'abord sans aucune difficulté. Le chevrier est chargé de parcourir deux fois par jour cet espace dans toute sa longueur, et nos chefs de famille ne manquent pas de le visiter souvent.

Maintenant les habitants de Germany sont

tranquilles ; ils s'accoutument à leur situation précaire ; nos parents trouvent même que le moral y gagne quelque chose ; la paix est plus grande dans les familles ; les hommes restent moins longtemps à la ville les jours de marché ; ils sont tous rentrés à l'heure de traire les vaches ; aucun ne revient chez lui en pointe de vin. Dimanche dernier, je ne crois pas qu'il manquât trois personnes à l'église : nous ne l'avions jamais vue si pleine ; beaucoup de gens ont dû même rester à la porte, ou se sont approchés des fenêtres par dehors, afin de recueillir quelques paroles du prédicateur. Papa a prêché comme à l'ordinaire et sans chercher à ébranler les imaginations. Il parlait de la confiance en Dieu et l'inspirait à ses auditeurs. Qui pourrait nier la puissance salutaire des épreuves ? Elles ne réveillent pas seulement les sentiments religieux, elles excitent l'activité humaine tout entière. Jamais nos champs et nos jardins ne furent mieux cultivés ; jamais nos maisons, nos étables et nos granges mieux tenues que maintenant, quoique nous puissions croire tous ces biens plus menacés. Et si tu veux que je parle de moi, cher Gustave, je travaille avec plus d'ardeur et de confiance ; je me sens mieux disposé à remplir mes devoirs : soins domestiques, leçons à nos petits frères et sœurs, études particulières, je fais tout avec joie. Avions-nous besoin de cet avertissement pour nous rappeler que notre avenir est tout en Dieu, et que Dieu est éternel ?

Germany, 1er juin.

Comme nous l'avions prévu, mon cher Gustave, M. Courtain a fait sur notre position un rapport des plus alarmants ; il y allait de son honneur d'avoir couru de grands dangers et de ne s'être pas effrayé pour un peu. Les journaux vont sans doute répéter ses sottises. Elles arriveront jusqu'à toi, mais tu ne t'en laisseras pas affecter. Je suis chargé de le recommander expressément à notre Parisien au nom de toute la famille. C'est Elise et maman qui écrivent d'ordinaire à Caroline, et nous avons le bonheur d'apprendre qu'elle met, comme nous, toute son espérance en Dieu. Elle croit fermement à l'efficace de la prière. Elle a vu, nous dit-elle, les siennes si souvent exaucées ! Tu peux juger que soir et matin, et bien des fois encore dans le cours de la journée, nous sommes recommandés par elle au Tout-Puissant.

Ses Hollandais, M. et Mme Leuwen, ne peuvent comprendre qu'on vive au pied d'une montagne qui a menacé un jour de s'écrouler. Elle leur répond qu'on est bien plus imprudent de braver derrière une digue les menaces de l'Océan, comme s'il appartenait aux mains de l'homme de lui imposer des limites!

Le rapport que M. Courtain a fait au gouvernement nous a valu une invitation formelle d'évacuer le territoire menacé. Deux commissaires sont venus presser les habitants de quitter le village. Ils ont rencontré une opposition générale, et je t'assure que cette résistance a produit une scène émouvante. La population s'était rassemblée devant la maison commune [1], où l'on savait que les commissaires avaient convoqué la municipalité et le pasteur. Nous attendîmes longtemps avec anxiété, et, dans ce moment, les commissaires nous inquiétaient beaucoup plus que la montagne. Les propos irrévérencieux ne manquaient pas. « Qu'ils nous laissent tranquilles, disait l'un, c'est notre affaire. — Ils prétendent nous sauver la vie, disait un autre, et ils nous feront mourir de

---

[1] C'est ainsi qu'on appelle dans ces villages la maison où siége la municipalité.

faim. Qui cultivera nos terres? Qui fera nos récoltes? Qui gardera nos granges? » Quelques-uns voulaient prier d'abord poliment les commissaires de se retirer, à défaut de quoi on les y obligerait par la force. Les personnes sages parvinrent cependant à calmer cette folle effervescence. Tout-à-coup l'un de ces messieurs parut à la fenêtre et fit signe qu'il voulait parler. On l'écouta dans un profond silence. Il commença par déclarer que les délégués du gouvernement n'avaient point reçu l'ordre d'employer la contrainte; mais ils devaient exhorter sérieusement les habitants de Germany à prendre d'eux-mêmes le parti que leur conseillait une autorité paternelle. Après un long discours, l'orateur n'avait convaincu personne; la vue de nos maisons et de nos vergers parlait plus haut que lui. Un des assistants s'écria, quand le commissaire eut fait silence : « Et nos conseillers, et notre pasteur, que pensent-ils de la chose? Ne pouvons-nous aussi les entendre? » Cette demande fut vivement appuyée, et papa, s'étant avancé vers la fenêtre, dit avec émotion :

— Mes amis, nous avons remercié cordialement messieurs les commissaires, et nous les avons priés, en votre nom et au nôtre, de porter au gouvernement le témoignage de notre vive reconnaissance pour l'intérêt bienveillant dont il nous donne la preuve; mais nous leur avons déclaré, que, si Dieu ne nous fait pas de nouvelles menaces, nous resterons dans nos foyers avec nos femmes et nos enfants, en nous reposant sur sa miséricorde. N'est-ce pas aussi votre volonté?

—Oui, oui! se sont écriés d'une voix unanime les hommes, les femmes et les enfants. Tranquilles dès ce moment sur les intentions des commissaires, nos villageois les ont fêtés à l'envi, et, comme la présence de ces messieurs n'était pas aussi nécessaire à la ville que celle de M. Courtain, ils ont consenti à passer la nuit au village. Nous avons improvisé un banquet rustique en leur honneur. L'un d'eux a porté un toste : « à la bonne espérance! » ce qui a réjoui tous les cœurs. Nous voilà donc en règle avec le pouvoir humain, et libres d'attendre à Germany les dispensations de la Providence.

Le 4 juin.

Il paraît, mon cher frère, que notre accident donne à Germany une grande célébrité, car nous commençons à voir arriver les touristes, curieux

2

d'observer cette « épouvantable rupture de la montagne. » Les journaux et les voyageurs en ont fait, je crois, un abîme sans fond, où bouillonnent le soufre et le bitume. Aussi quel désappointement pour ces pauvres touristes, quand ils apprennent l'exacte vérité, et que même il ne reste aujourd'hui aucune trace « de la terrible catastrophe! » C'est ce que nous avons essayé de faire comprendre à deux dames anglaises, qui sont arrivées ce matin et qui se sont naturellement présentées tout droit chez « le révérend curé » de Germany. La maman paraissait nous entendre à moitié, et recevait nos excuses avec des « oh! oh! » très-lamentables ; mais la fille, jeune et belle personne, à l'air intrépide, n'a pas voulu se laisser convaincre, et ne cessait de répéter : « Jé veux voi lé crévache; jé veux absolumint voi lé crévache! » Et, par malheur, en même temps qu'elle nous intimait sa volonté, elle agitait vivement une cravache qu'elle tenait à la main. Cette rencontre bizarre a fait rire aux éclats nos petits frères. Pour en finir, j'ai dû prendre mon chapeau et conduire ces dames à la place tant désirée. Je ne sais quelles exclamations elles n'ont pas faites en chemin sur ce qu'il n'y avait pas la moindre apparence de bouleversement dans la contrée; mais tu n'aurais pu, je crois, garder ton sérieux en voyant le chagrin de ces dames, quand elles ont pu se convaincre par leurs propres yeux que la crevasse était parfaitement comblée. « Abominéble! abominéble! » disait la jeune miss, et son joli pied frappait le sol avec une colère fort comique. J'ai tâché de les dédommager un peu de ce « désappointement » en leur faisant remarquer la belle vue et leur nommant quelques montagnes. Peine perdue! Elles ne m'ont pas écouté; elles n'ont rien regardé; elles étaient venues pour la « crévache, » et la « crévache » était comblée! Tous ces curieux arrivent à la file, car ils n'ont pas charge de se détromper l'un l'autre. Papa, qui ne croit point que de pareilles visites soient fort désirables pour sa paroisse, va faire annoncer dans les journaux qu'il ne reste pas trace de l'accident, et que ce n'est pas la peine de se transporter sur les lieux pour ne rien voir.

Nous avons lu avec tout l'intérêt que tu peux imaginer tes réflexions sur les causes probables du mouvement qui nous a tant effrayés, il y a quelques semaines, et auquel nous commençons à ne plus penser. Ton hypothèse, pour employer vos termes savants, semble fort ingénieuse à papa. « Mais à quoi sert, nous dit-il, le plus habile diagnostic, si la thérapeutique ne fournit aucune ressource? » Ce qui veut dire, je crois, en langue vulgaire, que tu expliques fort bien un mal auquel il n'y a point de remède.

Nos petites sœurs te remercient de la description que tu leur fais du « pays latin, » qu'elles s'étaient bonnement figuré comme une province où l'on ne parlait que latin. Mais elles s'effraient de ces maisons à six, sept, et même huit étages, et demandent s'il n'est pas plus dangereux d'habiter là-dedans qu'au pied de notre montagne?

Germany, 7 juin.

Que de fois, mon cher Gustave, ma pensée te cherche et te poursuit dans ce Paris que je ne connais pas et ne verrai peut-être jamais! Et toi, qui sait si la destinée ne t'y fixera pas pour tout le reste de ta vie? Tu n'as que vingt ans, j'en ai à peine dix-huit, et nous voilà peut-être séparés pour toujours! Cela devait être ainsi, puisque nous sommes nés avec des aptitudes et des inclinations différentes. Elles se manifestèrent dès notre première enfance; je ne t'ai jamais connu autrement que minéralogiste et faiseur de collections;

j'ai encore sous mes yeux tes premiers trésors,
assemblés dans des tiroirs, que j'ouvre quelquefois pour y chercher les traces de mon frère. Moi,
je n'avais pas dix ans que je montais déjà sur
une chaise pour vous prêcher. Je n'ai jamais
imaginé que je pusse devenir autre chose que
le successeur de papa. Vous m'y avez tous accoutumé, et je vois cette pensée s'étendre maintenant hors du presbytère. Les habitants de
Germany s'attendent à me voir, dans quelques
années, suffragant de leur pasteur chéri, et plus
tard, bien tard, disent-ils, l'héritier de ses fonctions. Puissé-je l'être aussi de ses lumières et de
ses vertus! Assurément, c'est la vue du bien qu'il
fait tous les jours qui a décidé ma vocation.

Mais toi, mon ami, où exerceras-tu les talents
que tu acquiers tous les jours? Tu ne peux le
prévoir encore. Malheureusement, notre pays
t'offrira peu de ressources, et tu lui deviendras
étranger. Du moins ne nous lassons jamais d'entretenir une active correspondance, qui nour-
risse notre amitié. Mettons en commun tout ce
que nous pourrons. Je veux, dès que j'en aurai
le loisir, étudier avec quelque soin les sciences
qui t'occupent et t'intéressent, afin de vivre de
ta vie autant qu'il me sera permis.

2.

C'est aujourd'hui ton jour de naissance ; nous le fêterons ce soir. En souvenir de toi, la table sera couverte de fleurs. Maman prépare quelques friandises, qu'Élise, Marguerite, Rodolphe et Benjamin attaqueront fort bien sans toi ; cependant j'ai entendu vingt fois aujourd'hui ces pauvres petits s'écrier, avec l'accent du plus vif regret : « S'il était là ! s'il était là ! » Adieu, mon cher Gustave, mon bon frère, nous t'embrassons tous !

Germany, 11 juin.

La dernière nuit a été gravement troublée par une alerte soudaine. Vers minuit, des cris de frayeur partirent de chez les Préroman, et bientôt tout le monde fut debout. On courut au bruit, et l'on ne tarda pas à connaître la cause de leur émotion. Une pierre, qui a pour le moins trois pieds de diamètre, avait roulé de la montagne et donné contre le mur de la maison, où elle a fait une brèche. Le bruit, la secousse, l'idée du péril qui menace Germany, ont jeté l'épouvante dans la famille. La frayeur s'est bientôt communiquée à tous les voisins. Nous avons vu se renouveler avec une extrême vivacité les scènes du mois dernier. Plusieurs se disposaient à fuir sur-le-champ avec leurs meilleurs effets. Cependant les plus calmes considéraient cette pierre avec attention. « Ce n'est pas un morceau de rocher, a dit le vieux Philippe; c'est une pierre de sable. » C'est ainsi, tu le sais, qu'ils appellent les poudingues formés par l'agrégation de petits cailloux. « Je crois bien! a dit Joseph Servien. Je gage que cette pierre vient de mon champ! Mais comment a-t-elle pu tomber ici de la place où je l'ai logée moi-même ce printemps? Il faut qu'il y ait eu là haut bien du remue-ménage. — Joseph, la nuit est belle, a dit Henri Blavet, allons voir tout de suite ce qui en est? Il me vient des soupçons. »

Ces braves gens ont pris une lanterne et sont montés au champ de Joseph. Ils ont trouvé la place vide, et ils ont pu reconnaître qu'on avait roulé la pierre, à force de bras, jusqu'au bord de la pente, d'où elle avait été précipitée. On voyait la trace des pieds dans la terre du champ. Deux ou trois mauvais sujets avaient trouvé plaisant de faire cette peur aux habitants de Germany, estimant sans doute qu'ils s'étaient trop vite rassurés de celle qu'ils avaient eue le mois passé.

Le rapport de Henri et de Joseph a calmé la

frayeur générale, mais elle a fait place à la plus vive indignation. On parlait de courir sur les traces des malfaiteurs, et l'on désignait tels et tels comme pouvant bien avoir commis cette lâche insulte. Alors papa est intervenu, et il a conjuré les langues indiscrètes de se taire, si les cœurs ne pouvaient se fermer aux soupçons. « Gardez-vous des jugements téméraires, a-t-il ajouté; les hommes que vous soupçonnez dorment peut-être paisiblement à l'heure qu'il est, et vous porteraient secours au besoin. Allons, mes amis, achever nous-mêmes cette nuit en repos, après avoir prié pour les méchants le redoutable Témoin qui les a vus commettre cette mauvaise action. »

Voilà, mon cher Gustave, le bulletin de Germany. Tu vois que nous ne voulons te laisser ignorer aucun détail de notre histoire. Tu peux croire que nous ne te cacherions pas les véritables dangers, puisque nous te rapportons avec un si grand détail nos plus vaines frayeurs.

Germany, 16 juin.

Cher ami, comment se peut-il faire que nous soyons esclaves de notre imagination, même quand notre bon sens la juge le plus égarée?

Comment pouvons-nous suivre ce guide fantasque, qu'il faudrait maîtriser et mener en esclave à notre suite? L'accident de la nuit passée était l'œuvre de misérables, qui, certes, ne peuvent changer les décrets de la Providence à notre égard, et cependant cette alerte m'a laissé une tristesse invincible. Aujourd'hui, je regardais de ma fenêtre nos quatre petits jouer ensemble au jardin ; je portais envie à leur imprévoyance, et, après avoir observé quelque temps leurs joyeux ébats, je me sentis ému ; mes yeux étaient pleins de larmes. Je me suis rappelé ces personnages d'Homère qui sont tout-à-coup saisis de pressentiments sinistres. Triste condition de l'homme ! Il s'afflige dans l'appréhension de maux imaginaires, puis viennent les maux véritables, qui achèvent de remplir la vie.

Quelquefois, je voudrais engager nos parents à éloigner de nous ces petits êtres, qui ne savent pas le danger qu'ils courent et ne peuvent rendre aucun service à la paroisse. Mais je n'ose entamer ce sujet avec nos parents. Je ne les vis jamais plus calmes et plus sereins. Maman elle-même, si vive et si tendre, n'imagine pas qu'il y ait pour nous autre chose à faire que d'attendre ici l'avenir, et de donner tous ensemble à la paroisse l'exemple de la confiance chrétienne. Se dévouer soi-même à cette œuvre, c'est déjà beaucoup; mais y dévouer avec soi ses enfants en bas âge, n'est-ce pas montrer la foi d'Abraham? Puisse-t-elle être imputée à justice à notre pieuse mère! Puissé-je moi-même m'élever à cette hauteur! Je viens de t'avouer ma faiblesse, et il me semble que cet aveu m'a fortifié.

Il était question de m'envoyer à la ville pour achever mes études classiques. Papa me représentait que ses occupations croissantes l'obligeaient de me remettre en d'autres mains. Je lui ai rappelé son projet et sa promesse de me préparer lui-même et lui seul à entrer dans la faculté de théologie; je l'ai supplié de ne pas y renoncer, de ne pas m'éloigner de Germany dans un moment où ce départ pourrait être si mal interprété. Il a fini par céder à mes prières. En cela, je te l'avoue, je me trouve bien plus heureux que toi.

J'allais expédier cette lettre, quand j'ai entendu Jeannette Préroman entrer chez nous tout éplorée, et bientôt j'ai pu me convaincre qu'elle n'est pas moins esclave que moi de son imagination déréglée Depuis cette malheureuse nuit où leur maison a reçu le choc de la pierre, on

dirait que cette pauvre femme n'est plus maî-
tresse d'elle-même. Elle n'a cessé de tourmenter
son mari, à qui elle voudrait faire abandonner le
village avec leur jeune famille. Ils n'ont cependant
ni feu ni lieu hors de Germany, et, s'ils partent,
ils se réduiront à la plus grande gêne; car il va
sans dire que les étrangers ne viendront pas
actuellement affermer des terres et louer des
maisons dans notre commune. N'importe, Jeannette Préroman voudrait partir, et, comme son
mari s'y refuse, elle est venue faire de vifs re-
proches à papa, l'accusant d'autoriser et d'en-
courager par son obstination celle de Préroman.
Jeannette s'est emportée jusqu'aux injures; papa
souffrait tout avec patience; nous étions fort émus
d'entendre les paroles grossières qu'elle adressait à son pasteur. Il nous a fait entendre d'un
regard qu'il fallait tout supporter; il a doucement attendu pour lui répondre qu'elle se fût
lassée elle-même, et, s'il n'a pas réussi à la
rendre tout-à-fait raisonnable, il lui a fait éprouver quelque confusion et quelque regret de son
injuste emportement.

— Votre mari, lui a-t-il dit enfin, est seul
maître de décider la question que vous portez
devant moi. Je n'ai là-dessus aucun ordre à don-

ner; je dois mes conseils, et rien de plus, à ceux qui me les demandent. Loin de blâmer ceux qui voudront partir, je les aiderai, s'ils le désirent, en tout ce qui dépendra de moi. Allez, Jeannette, je vous pardonne les duretés que vous m'avez dites. C'est votre imagination ébranlée qui vous a fait parler ainsi, ce n'est pas votre cœur.

Là-dessus, Jeannette s'est retirée en faisant des excuses à monsieur le pasteur, mais en déclarant toujours qu'elle ne voulait pas rester plus long-temps à Germany. Et moi, j'ai retrouvé mainte-nant toute ma confiance; la faiblesse de cette pauvre femme m'a guéri de la mienne. Je suis si tranquille, que je voudrais voir Gustave et Caroline sous le même toit que nous.

Germany, 20 juin.

Les Préroman sont partis ce soir. C'est un récit à te faire, mais je ne saurais en tracer le tableau de manière à produire sur toi les im-pressions diverses que ce départ a laissées dans le village.

Lorsque Joseph, vaincu par les instances de sa femme, eut pris sa décision, les voisins re-marquèrent dans la maison un mouvement inaccoutumé. On allait, on venait, on faisait des

paquets ; le chariot stationnait devant la porte.
« Qu'est-ce que ça signifie, Joseph ? lui dirent
les passants. — Vous voyez, nous partons. —
Vous partez ! — Ma femme le veut. » En disant
ces mots, Joseph avait la larme à l'œil. « — Pas
possible, Joseph ! tu nous quittes ! — Que voulez-vous ? Si nous restions ici, elle en perdrait,
je crois, la tête. — Alors tu pourrais l'éloigner
avec vos enfants. — Je le voulais ainsi, mais
elle dit qu'elle ne veut pas me laisser dans la
nasse. — Où donc irez-vous ? — Bien loin d'ici !
chez des connaissances, à Vaudière. Ah ! laisser
tout cela, et ses voisins encore, c'est bien dur ! »

Pendant cette conversation, Jeannette sur-
vint ; elle était d'une impatience folle ; on aurait
dit que la terre lui brûlait sous les pieds. « Allons, Joseph ! à quoi est-ce que tu t'amuses ?
— Mais, voisine, a dit quelqu'un, c'est bien mal
ce que vous faites ! Vous nous abandonnez ? —
Voisin, qu'est-ce qui vous empêche de nous
suivre ? — Ça n'est pas de bon sens, Jeannette,
sauf votre permission. Quoi donc ? à cause de
cette maudite pierre ? — Voisin, laissez-nous
libres comme nous vous laissons. Vous ne tar-
derez pas à nous suivre, si Dieu vous en laisse
le temps. » Jeannette fut tout-à-coup interrom-

pue par un grand bruit qui se fit dans l'intérieur de la maison, et, comme elle a l'esprit frappé, imaginant, je crois, que c'était la chute de la montagne, elle poussa un grand cri. On courut avec elle dans la maison, et l'on trouva dans le cellier une cuve renversée, de dessous laquelle partaient des cris étouffés. C'était le petit Marc, son fils aîné, qui, en jouant sur le bord de la cuve, qu'on venait de déplacer, l'avait renversée sur lui. Heureusement, il n'a pas eu le moindre mal. En tirant de là son petit garçon, Jeannette a regardé les assistants d'un air fanatique, et leur a dit, les yeux étincelants : « C'est un signe de Dieu ! Si vous restez à Germany, vous serez engloutis comme cela sous la montagne! » Ces paroles ont fait rire aux éclats les jeunes gens ; les autres, haussant les épaules, se sont retirés en disant : « Pauvre Joseph? »

Les femmes sont venues à leur tour. Qui pourrait dire tout ce qu'elles ont dépensé d'éloquence, d'exhortations, de prières, pour décider Jeannette à ne pas délaisser la maison où elle s'est mariée ; la maison qui a vu naître sa petite famille. La vieille Marie lui disait : « Vous allez bien réjouir les mauvais sujets qui vous ont fait cette peur, pauvre Jeannette. Et quand vous reviendrez, dans six mois, dans une année, vous ferez bien rire les mauvais plaisants. Vos affaires se trouveront mal de ceci, Jeannette, et vous ruinez vos enfants. — Mais vous sacrifiez les vôtres, répliqua-t-elle. — Nous les sacrifions ! répondit vivement une autre voisine ; croyez-vous peut-être que nous n'aimons pas autant nos enfants que vous aimez les vôtres ?

Ainsi, de parole en parole, une dispute s'est élevée entre ces femmes, et bientôt quelques-unes se sont écriées : « Ils ne partiront pas ; nous ne voulons pas qu'ils partent ! » Puis elles se mettaient en devoir de décharger la voiture, mal-gré la résistance de Joseph, de Jeannette et de leur valet. Alors quelques hommes sont inter-venus ; ils ont fait entendre raison aux femmes les plus animées ; elles ont fini par comprendre que la liberté de chacun devait être parfaitement respectée. Et, comme pour faire oublier au Pré-roman la violence qu'on avait essayé de leur faire, des voisins officieux les ont aidés à char-ger leur voiture ; d'autres ont prêté les leurs pour emmener le reste du mobilier et toutes les ré-coltes. C'était un spectacle touchant de voir ces braves gens à l'œuvre, pour faciliter un départ qui les affligeait.

— Tu n'as pas voulu vivre et mourir avec nous, disait Jean Gausal à Préroman ; c'est égal, nous ne t'en gardons pas rancune, et, pendant ton absence, nous veillerons sur ton bien avec le même soin que sur celui d'un frère; si tu t'ennuies trop, tu reviendras et tu seras toujours le bienvenu.

Le soleil était près de se coucher quand toutes les voitures ont été prêtes ; alors elles se sont mises en marche ; le bétail suivait. Les Préroman vont à quatre lieues d'ici par de mauvais chemins ; mais la pleine lune favorise les émigrants. Je leur souhaite un bon voyage, quoique leur départ nous afflige comme tout le monde. Cette maison fermée attriste le village. On sait pourquoi cette fuite; on fait des réflexions mélancoliques, et nous avons entendu plus d'une voisine dire en soupirant : « Ils sont plus sages que nous. »

Germany, 21 juin.

Mon cher Gustave,

Je te faisais hier au soir le récit du départ des Préroman, apprends aujourd'hui leur triste fin ! Le père et la mère sont morts, précipités de leur voiture dans un ravin profond. Tous leurs enfants sont sauvés ; je te laisse à penser l'émotion des voisins et la nôtre.

J'étais sorti de bon matin pour faire une lecture dans le bosquet de mélèzes, à l'entrée du village ; il y avait à peine un quart-d'heure que j'étais sur le banc de gazon, qui est ton ouvrage, lorsque, portant les yeux du côté de la route, j'ai vu, à ma grande surprise, plusieurs voitures de bagages et de provisions qui approchaient de Germany ; j'ai reconnu d'abord les voitures des Préroman et me suis dit avec joie : « Ils ont changé de résolution ; ils reviennent ! » Je suis accouru et j'ai appris la triste vérité. Jean Gausal venait le premier avec les orphelins, qu'il menait dans son char-à-bancs. A mon approche, il a fait un geste qui m'annonçait quelque chose de grave ; les enfants se sont mis à pleurer. Gausal est descendu de son char, et remettant le fouet et les rênes à quelqu'un, il m'a pris à part pour me faire ce récit lamentable, pendant qu'on achevait la dernière montée.

— Nous étions arrivés, m'a-t-il dit, sans aucun accident jusqu'au tournant de Rocheuse. Vous savez qu'en cet endroit la route côtoie un ravin. Joseph et Jeannette m'avaient confié leurs enfants ; pour eux, ils s'étaient assis, ou plutôt couchés, sur une voiture de foin conduite par leur valet, qui marchait à côté des chevaux. Je les avais avertis plus d'une fois en chemin qu'ils faisaient une imprudence ; que le chemin était raboteux ; qu'il ne fallait qu'un caillou pour faire verser la voiture. Mais, depuis que cette pauvre femme était sortie de Germany, elle se croyait assurée de ne jamais mourir. Ils dormaient, je pense, tous les deux, quand nous sommes arrivés à Rocheuse. J'ouvrais la marche, comme vous voyez, avec les enfants, et je me retournais justement pour crier à nos malheureux voisins de prendre garde. Au même instant, la voiture, qui faisait le tournant, rencontre une pierre et verse du côté du ravin. J'entends des cris et je les vois tous deux précipités. On arrête toutes les voitures, on accourt, on appelle ces pauvres gens du bord de la route. Point de réponse ! Et il suffisait de voir où ils étaient tombés pour ne pas conserver la moindre espérance. Cependant on tâche de rassurer les enfants, qui poussent des cris, et qui appellent leur père et leur mère, avec des gémissements à déchirer le cœur. Nous étions là six hommes, y compris le valet des Préroman. Quatre se décidèrent à descendre dans le ravin, tandis que les deux autres garderaient les enfants et les voitures. Nous avons dû faire un long détour pour arriver sans trop de risques à la place où nous supposions que les victimes de l'accident devaient se trouver. Quand nous avons été près de l'endroit, nous avons encore poussé des cris, hélas ! bien inutiles, et qui ont eu le fâcheux effet de donner quelque espérance à la petite famille. Au bout d'une heure, nous avons trouvé le mari, et, un moment après, la femme : tous deux dans un tel état, que nous avons eu la triste consolation de penser qu'ils n'ont pas souffert un instant. Le retour a été bien pénible ; nous avons dû faire deux fois ce chemin, les forces de quatre hommes étant nécessaires pour tirer de ce lieu profond un corps et le porter jusqu'aux voitures. Nous avons eu soin de tenir les enfants à l'écart. Quand ils ont su qu'ils n'avaient plus ni père ni mère, ils ont recommencé à gémir, et nous pleurions avec eux. Que devions-nous faire maintenant ? Nous ne pouvions continuer notre voyage ; d'ailleurs la petite Jenny, l'aînée des quatre, s'est écriée : « Retournons chez nous ! » Et tous ces pauvres petits ont répété la même prière. Nous avons envoyé le valet prévenir de ce malheur les personnes qui attendaient les Préroman, et nous sommes revenus. Ils reviennent eux-mêmes, où du moins leurs tristes restes, que nous avons placés, le plus honnêtement que nous avons pu, dans une de ces voitures.

Jean Gausal venait d'achever ce récit, quand nous nous sommes trouvés près de la première maison. En un moment, il s'est fait un concours de monde autour des orphelins. L'émotion générale pouvait leur faire du mal, et je me suis empressé de les emmener au presbytère. Malheureusement, il fallait passer devant chez eux, et la vue de leur maison fermée leur a fait pousser des cris douloureux. J'ai pressé le pas ; je portais sur mon bras le plus jeune, qui n'a pas deux ans ; j'en tenais un autre par la main ; Jenny et Marc nous suivaient en sanglotant. Tu te figures la surprise, la douleur et les bontés de nos parents. Maman pressait l'un après l'autre ces orphelins dans ses bras. Jenny, qui a près de quatorze ans, et qui a beaucoup de raison et de sensibilité, comprend toute l'étendue de son malheur : son affliction est bien touchante.

Les réflexions viennent en foule après un pareil événement ; nous sommes trop occupés

pour qu'il nous soit possible de nous y livrer. Je
te dirai seulement que les habitants de Germany
puisent dans la mort funeste des Préroman une
confiance, peut-être exagérée et superstitieuse,
dans la sagesse de la résolution qu'ils ont prise
de ne pas quitter leurs terres et leurs maisons.
« Dieu les a punis, » disent-ils, en parlant de
nos malheureux voisins, car nous sommes trop
disposés à nous faire, en toute circonstance,
les téméraires interprètes de la volonté divine.

Germany, 24 juin.

Voilà donc la poussière des Préroman réunie,
contre leur attente, à celle de leurs pères dans
le cimetière de Germany. Elle dort dans ce coin
de terre, pour en suivre toutes les destinées,
auxquelles ils voulaient se dérober. Je ne veux
pas te faire longuement le récit de ces doubles
funérailles, cependant je ne peux m'empêcher
de te dire combien elles ont ému tout le village.
Il n'a manqué personne à ce triste rendez-vous,
et, contre l'usage ordinaire, les femmes et les
enfants se sont joints au funèbre cortége. Contre
l'usage aussi notre père a pris la parole dans le
cimetière et nous a fait une exhortation. L'igno-

3.

rance de l'avenir, la fragilité de la vie, qui sont des textes fort bien appropriés à la situation de Germany, l'étaient ce jour-là plus que jamais. « Cependant il ne faut, rien exagérer, a dit le pasteur ; la confiance religieuse du chrétien n'est pas la superstitieuse indolence du mahométan. Nous ferons usage de la raison que Dieu nous a donnée, et nous agirons en conséquence. Ne soyons pas timorés, mais soyons prudents. Elle avait poussé la crainte trop loin, notre pauvre sœur, mais son esprit était frappé à la suite d'une frayeur insurmontable. Puissent-ils être touchés de repentir, les hommes égarés qui ont porté le trouble et le deuil dans cette maison, auparavant heureuse et tranquille ! Vous voyez, mes amis, les maux incalculables que peuvent entraîner les moindres fautes. Apprenons par cet exemple à nous abstenir de tout ce qui a quelque apparence de mal. »

Mais quand le pasteur, se tournant vers les petits orphelins, leur a promis au nom de toute la paroisse, amitié, support et consolation, il ne s'est trouvé personne qui ne fût touché jusqu'aux larmes.

Cependant nos parents ont soulevé une question délicate. Joseph et Jeannette Préroman croyaient soustraire leurs enfants à la mort en les éloignant de Germany ; serait-il juste et convenable de les y retenir après la mort de leur père et de leur mère ? Ne serait-ce pas montrer du mépris pour une autorité qu'on ne saurait respecter avec trop de scrupule ? Les esprits étaient incertains, et, malgré l'affection vraiment paternelle que nos voisins éprouvent pour ces enfants, on les aurait vraisemblablement éloignés, s'ils n'avaient eux-mêmes témoigné la plus vive répugnance à quitter Germany. Jenny s'est exprimée là-dessus, en présence de nos parents et de quelques voisins, avec un bon sens remarquable chez une jeune fille de quatorze ans. Son père n'avait quitté le village qu'à regret, disait-elle ; s'il avait survécu il y serait revenu sans aucun doute avec ses enfants ; leur pauvre mère avait agi sans bien savoir ce qu'elle faisait ; depuis cette malheureuse frayeur, elle avait paru hors d'elle-même ; le plus léger bruit la faisait tressaillir ; elle était malade. Auparavant elle n'avait pas montré plus qu'un autre le désir de s'éloigner. Il fallait juger ce qu'elle aurait fait si la crainte ne l'avait pas troublée. « Je vous en prie, a-t-elle ajouté, ne nous séparez pas de vous, mon cher pasteur ; laissez-nous vivre où nous sommes nés; ne nous éloignez pas du lieu où reposent les restes de notre père et de notre mère. Où trouverions-nous des amis et des protecteurs comme ceux que nous avons ici? Et qu'y a-t-il de plus nécessaire à des orphelins?»

Voilà une partie des choses qu'elle nous a dites, d'une manière si expressive et si forte, qu'il a fallu se rendre, et lui promettre que son désir serait satisfait. «Elle ne tardera pas, disait-on, d'être pour les cadets une véritable mère.» Cependant une cousine, Antoinette, veuve sans enfants, qui demeurait à Champagny, est déjà venue offrir de tenir la maison. On trouvera un homme de confiance pour faire les travaux du dehors, et les orphelins seront élevés au foyer paternel, sous la garde et la protection de la paroisse.

DE GUSTAVE.

Paris, 27 juin.

Vous avez donc la tragédie au village, mon cher Théodore! Tes dernières lettres m'ont vivement ému; il faut que je fasse de grands efforts de volonté pour continuer mes études au

milieu de l'agitation ou vous êtes et que je partage. Combien les descriptions des poètes sont
mensongères, et qu'ils avaient mal observé les
choses qu'ils se sont mêlés de peindre ! Ils nous
parlent sans cesse de la paix des champs ; il
semble, à les entendre, qu'il suffise de s'y retirer
pour trouver le repos de l'âge d'or, et je crois
au contraire, que, s'il est quelque part en ce
monde, c'est parmi les paisibles bourgeois d'une
grande ville. Quand je vois, le soir, dans nos
promenades, ces tranquilles rentiers, assis com-
modément, occupés à regarder les voitures qui
passent et les enfants qui jouent, je me figure à
l'instant même les habitants de notre Germany
au fort de leurs travaux champêtres, et pour-
suivis au milieu de leurs fatigues par la pensée
du fléau qui les menace. Quelle différence entre
ces deux classes d'hommes ! Peut-on parler de
doux loisirs pour les campagnards et de travaux
inquiets pour les citadins ! La poésie aurait-elle
pour but de nous tenir dans une illusion perpétuelle, et les hommes sages devraient-ils entendre sans cesse le contraire de ce qu'elle dit ?

N'allons pas trop loin cependant, mon cher
Théodore. La ville n'est pas moins éprouvée que
la campagne. Pour quelques oisifs, que l'ennui

tourmente d'ailleurs à défaut du souci, combien de misérables à tous les degrés, depuis ceux qui déguisent leurs souffrances sous le velours et la soie, jusqu'à ceux qui les promènent en haillons et cherchent leur subsistance dans la fange des rues!

Pour moi, mon ami, je me crois au nombre des plus malheureux, et je continue à te porter envie. Je ne reviendrai pas sur ce sujet, de peur de lasser ta patience; d'ailleurs, on aggrave son mal d'en parler toujours; il vaut mieux retourner à mes fossiles et à mes cristaux.

Quels secrets renferme donc ce globe que nous foulons sous nos pas? L'avenir en découvrira sans doute une grande partie, et nos descendants sauront un jour exactement les causes des terribles phénomènes qui nous épouvantent; ils sauront peut-être les prévoir, et, dans une certaine mesure, y porter remède. Les hommes n'apprennent que lentement à bien user de leur domicile terrestre; mais combien de générations seront ensevelies avant que la nature nous révèle ses derniers secrets!

J'apprends avec bonheur les progrès de nos sœurs et de nos frères sous leur jeune maître. Qu'ils sont bien partagés, et que je te trouve

heureux toi-même de vivre auprès de parents
tels que les nôtres! Les deux aînés de la famille
sont moins favorisés; ils auront à souffrir un
exil plus ou moins long; mais, quoi que tu
puisses dire, je ne suis pas sans espérance de
retour. Germany peut voir encore le pasteur
entouré de toute sa famille.

Je reçois bien souvent des preuves de la vigilance maternelle; elle trouve moyen de se faire
sentir par l'entremise d'obligeants intermé-
diaires : aussi, je ne crois pas qu'il y ait à Paris
un pauvre étudiant mieux nippé que moi. Maman
voudra bien m'excuser si je partage quelquefois
mon abondance avec plus d'un camarade, moins
bien entretenu, qui m'emprunte de mes hardes
et de mon linge. Il se trouve aussi parmi nous
des orphelins, des nécessiteux, et les voisins ne
s'en doutent guères; les habitants d'une rue de
Paris ne vivent pas entre eux comme ceux de
notre village.

Germany, 30 juin.

Cher Gustave,

J'aurai aussi le plaisir de faire quelque
chose pour la famille des Préroman et de don-

ner aux orphelins une part de ce que j'ai reçu : il est vrai que ce sera sans m'appauvrir moi-même. Parlons sans énigme : nos parents, frappés de l'intelligence que montre Jenny, charmés de sa piété, de sa douceur, ne croient pas qu'ils puissent choisir pour Élise une plus aimable compagne, et ils ont cru devoir l'associer aux leçons que je donne toujours à notre sœur. Ces deux petites filles ont paru bien joyeuses à cette nouvelle; une inclination naturelle les a rapprochées depuis longtemps l'une de l'autre; les voilà maintenant sous le joug du même instituteur; et, quoique Jenny ait moins de connaissances, elle ne tardera pas à suivre Élise de fort près, en attendant qu'elle la devance peut-être. Quelle mémoire excellente! Quelle vive curiosité! Avec cela une docilité parfaite. Si je remplis bien ma tâche, dans deux ou trois ans d'ici nos écolières seront trop savantes pour des villageoises. Cependant je ne voudrais pas en faire des institutrices. C'est déjà trop d'avoir dû éloigner de nous Caroline. Pourquoi faut-il que l'étude ne puisse être à elle-même son but? Comme elle en serait plus noble, plus sûre et plus vraie! Mais non, il faut, en étudiant, se demander quelle direction sera la plus favorable à notre fortune ; il faut apprendre, non pas ce qu'on voudrait savoir, mais ce que les autres veulent qu'on leur enseigne.

Nos leçons viennent de commencer. Mes cinq élèves me prennent quatre heures par jour. Papa m'en donne deux à moi-même. Ajoute à cela cinq ou six heures d'études particulières : voilà ma vie. J'ai permission de prolonger un peu mes veilles pour les lectures d'agrément, qui parfois sont assez sérieuses pour compter comme un véritable travail. Je réserve les poètes pour la dernière heure : c'est celle où je les goûte le mieux.

Germany, 6 juillet.

Tu te plains, mon cher Gustave, que mes lettres ne parlent plus de la montagne : c'est que la montagne se laisse oublier. Songe que voilà bientôt deux mois qu'elle nous fit cette grande peur, sous l'impression de laquelle tu parais être encore. Si vous étiez ici, monsieur le savant, vous seriez aussi rassuré que nous. Je n'ai jamais mieux compris comment on peut vivre tranquille au pied du Vésuve et de l'Etna, qui renferment pourtant dans leurs entrailles une menace perpétuelle. Il suffit d'ignorer *quand* elle éclatera pour dormir tranquille aux pieds de ces géants. Juge si nous devons être calmes, nous qui ne savons pas même *si* nos alarmes seront jamais renouvelées. Un cas particulier ne saurait inspirer une crainte sérieuse ; voilà qui est fait peut-être pour des siècles, et les sapins qui naissent maintenant à l'ombre de leurs pères auront le temps de grandir, de vieillir et de tomber, avant que le sol ne tremble sous leurs racines. Et nous, créatures éphémères, que tant de chances fatales environnent, nous pourrions considérer avec un effroi perpétuel celle qui est si loin de nous ! Ni celle-là, ni les autres ! Vivons nous souvenant de la mort, mais, sans rechercher avec angoisse en quel temps et sous quelle forme elle doit nous atteindre. Nous ne savons ni le jour, ni l'heure : Dieu le veut ainsi pour entretenir notre vigilance. Nous avons enseveli avant-hier, à côté des Préroman, la pauvre Julie Garisel ; la montagne lui a laissé le temps de vivre quatre-vingt-treize années et de mourir doucement dans son lit en invoquant son Sauveur.

Voilà bien parler ; ce qui vaudrait mieux serait de vivre sagement, avec une parfaite égalité d'âme. Notre ami. Abel Montadier, en est.

sans le savoir, un touchant exemple. Ses pépinières sont plus belles que jamais. Il me les
faisait parcourir l'autre jour, et me nommait
toutes les espèces, les variétés nouvelles de cerisiers, de pruniers, de pommiers... qu'il a greffées
ce printemps. « Voilà, me disait-il, des sujets qui
seront bons à planter dans trois ans, et qui seront
en plein rapport avant qu'il soit douze ans. Je
prétends renouveler tous les vergers du village.
Voyez, monsieur Théodore, ajoutait-il en me faisant remarquer les arbres du voisinage, ce sont
de belles plantes, j'en conviens, mais les fruits
sont presque sans valeur ; espèces bâtardes ; des
sauvageons ! Nous changerons tout cela, et dans
quarante ans Germany vaudra trois fois ce qu'il
vaut aujourd'hui. » Abel Montadier a bientôt le
demi-siècle, mais pourquoi ne deviendrait-il pas
aussi vieux que Julie Garisel ? Et puis, si la mort
l'arrête en chemin, son fils n'est-il pas là pour
continuer son œuvre ?

Voilà, mon cher Gustave, comme nous vivons
à Germany ; je commence à croire que les esprits
sont plus calmes, les cœurs plus paisibles qu'ils
ne l'ont jamais été. Par quelle raison le seraient-
ils moins que ceux des matelots qui vivent sur
l'Océan ? Rien ne fortifie les âmes comme l'idée

d'un péril continuel : on s'accoutume au danger, et c'est comme une cuirasse autour de la poitrine.

Germany, 15 juillet.

Décidément, c'est au dehors que sont les craintes, et nous venons d'en avoir une preuve assez singulière. Tu sais que les terres de nos voisins ne sont pas toutes franches d'hypothèques ; il y en a même encore qui sont malheureusement grevées pour d'assez fortes sommes. Ce bon Jean Gausal doit à un M. Girond mille francs sur sa maison et le verger attenant. C'est par lettre de rente [1] ; et, comme il paie régulièrement les intérêts, il se croyait à l'abri de toute recherche. Cependant il a reçu lundi une sommation de rembourser le capital, sous prétexte que l'hypothèque est devenue insuffisante. Le créancier, inquiet et soupçonneux, comme le sont assez souvent les créanciers, est venu lui-même appuyer sa sommation et la justifier par quelques

[1] La lettre de rente est, dans ces contrées, une obligation hypothécaire, sans terme fixe pour le remboursement du capital, qui ne peut être exigé tant que les intérêts sont payés régulièrement.

explications verbales. Jean Gausal lui a fait voir sa maison en bon état, son verger florissant, et lui a demandé pourquoi il jugeait l'hypothèque insuffisante. « Qu'ai-je fait, lui disait-il, pour en diminuer la valeur et provoquer votre sommation ? — Ce n'est pas vous qui avez fait le mal, mon cher débiteur, c'est ce fâcheux accident de la montagne. Depuis lors toutes les terres de votre commune ont perdu cinquante pour cent, et je ne trouve plus chez vous mes sûretés. — Vraiment, j'en suis fâché, M. Girond ; et moi donc, pensez-vous que je les y trouve davantage ? Ce n'est pas à moi que vous avez prêté, c'est à l'immeuble ; et, quand je l'ai acheté, il était déjà grevé en votre faveur ; vous avez été malheureux comme moi, nous allons courir la même chance, sauf que vous risquez seulement de perdre votre argent, et que je pourrais bien perdre mon argent et ma vie.

— Il ne tient qu'à vous de me satisfaire en vendant aujourd'hui.

— Mais je vendrais à vil prix et je serais ruiné,

— Je vous aurai préservé de la mort, mon cher Gausal.

— Merci de votre grande bonté ! Je préfère m'en remettre à la Providence.

M. Girond s'est retiré de très-mauvaise humeur, en annonçant à son débiteur un procès. Tout le monde assure qu'il n'y a pas la moindre apparence qu'on puisse forcer Gausal de faire une vente désastreuse.

Les calculs de l'intérêt sont bien choquants lorsqu'ils menacent des malheureux tels que nous sommes ; mais que dire des fripons qui voulaient spéculer sur la frayeur des habitants de Germany ? Des émissaires sont venus, sous un prétexte ou sous un autre ; c'étaient des colporteurs, des chaudronniers, des marchands de bétail ; ils s'introduisaient dans les familles, se faisaient conter la catastrophe, ne manquaient pas d'en exagérer le péril ; citaient une foule d'exemples, où les habitants de localités menacées comme la nôtre avaient payé de leur vie une sécurité funeste. A leur suite, et quand on a supposé que les imaginations étaient assez ébranlées, des gens sont venus pour essayer d'acheter au grand rabais ces terres et ces maisons, qui n'ont plus qu'un jour à vivre ; mais nos paysans ne sont pas si simples et si crédules. Dès le commencement, le vieux Philippe avait soupçonné la ruse, et prédisait à ses voisins ce qui est arrivé, c'est qu'on viendrait bientôt marchander leurs propriétés. Aussi, quand nous avons vu ces furets se glisser parmi nous et faire leurs offres insinuantes, nous n'avons pu nous empêcher d'en rire, et nous les avons reçus de manière à leur faire comprendre que nous ne serions pas leurs dupes. Philippe, qui est un assez fin railleur, disait à ces honnêtes personnes, qu'il se ferait scrupule de leur vendre des terres qui menacent ruine. « Si vous saviez, ajoutait-il, tout ce qu'on nous a dit ces jours passés pour nous conseiller de nous en défaire, vous ne seriez pas si pressés de les acheter. »

Tu vois que tout le monde ne désespère pas de Germany, et que nous trouvons assez de gens qui voudraient se mettre à notre place : cela nous encourage toujours plus à ne pas la quitter.

Germany, 1er août.

Mon cher Gustave,

Je triomphais bien mal à propos avec nos bons voisins. Papa m'autorise à te faire connaître un nouvel accident qui n'est connu encore que de lui et de moi ; il te charge même de consulter là-dessus tes professeurs, car c'est une question de science qu'il s'agit de débattre, et malheureusement l'application touche de bien près les personnes que tu aimes le mieux au monde.

Hier au soir, à onze heures, je veillais encore, et tout dormait autour de moi, même au presbytère ; le temps était calme et serein ; la nuit, éclairée par la pleine lune, était magnifique ; un souffle de vent, qui descendait de la montagne, m'apportait les émanations embaumées des bois et des pâturages ; tous les animaux s'associaient comme nous au repos de la nature ; j'entendais seulement les chouettes gémir, suivant leur habitude, dans la forêt voisine : tout-à-coup un bruit sourd s'est fait entendre, et j'aurais pu le prendre pour le roulement lointain du tonnerre, si je ne l'avais pas senti sous mes pieds, accompagné d'un frémissement assez énergique pour faire craquer les boiseries. Mon émotion a été vive ; cependant je me suis tenu alerte ; j'ai prêté l'oreille quelques moments. Le redoutable murmure ne s'est pas répété, et je n'ai pas senti non plus de nouveau tremblement. Que faire ? Fallait-il troubler le sommeil de mes parents ou différer jusqu'au lendemain de les avertir ? Une demi-heure s'est passée pendant que je délibérais ; et, comme je n'apercevais plus aucun signe funeste, j'ai gardé le silence ; seulement, j'ai veillé toute la nuit, prêt à donner l'alarme, s'il y avait lieu. Grâce au ciel, tout est demeuré tranquille. Dès que j'ai entendu papa se lever (c'était de grand matin, suivant la coutume), je lui ai passé ma faction sans qu'il s'en doutât, et je me suis couché quelques moments.

Après déjeuner, je l'ai pris à part et je lui ai tout conté. Il m'a grondé de ne l'avoir pas éveillé ; cependant il est lui-même fort indécis sur ce qu'il doit faire. Le symptôme est assurément beaucoup moins grave que celui du mois de mai. Sans ce funeste précédent, il n'y aurait pas de quoi nous préoccuper pendant une heure ; mais cet indice prouve trop clairement que la montagne renferme des causes durables de perturbation. Tandis que notre père écrit sous le sceau du secret au savant M. Charpentier, qui connaît parfaitement notre contrée, et le consulte sur le parti qu'il doit prendre, nous adressons par ton intermédiaire une consultation à tes professeurs. Papa est décidé à se laisser conduire par les avis de la science. En attendant, les bons habitants de Germany sont dans une sécurité parfaite. Nul ne s'est aperçu du bruit et du mouvement ; le paisible sommeil des agriculteurs, *somnus agrestium lenis virorum*, n'en a pas été troublé; d'ailleurs, il ne paraît pas qu'il soit resté de ce phénomène, tout local, le moindre vestige, ni crevasse ouverte, ni pierre tombée. Papa voudrait attendre encore, mais il donnera le signal du départ, s'il y est engagé par des hommes graves et compétents.

Germany, 4 août.

Mon cher frère, voici peut-être la dernière lettre que je t'écris de notre presbytère; encore faut-il, pour obéir à maman, que j'écrive du jardin. L'avis que nous attendions de la science, la nature nous l'a donné ce matin; elle l'a donné terrible, et l'épouvante règne dans tous les cœurs. Nous étions à l'église; le service venait de commencer, quand le bruit souterrain s'est fait entendre, avec une force bien plus grande que l'autre nuit; l'église a tremblé; la cloche de l'horloge a tinté deux fois. Tout le monde s'est levé en tumulte; mais notre père, ayant donné aussitôt la bénédiction, nous l'avons tous écoutée avec recueillement; ensuite il a fait un signe à maman, et le pasteur et sa famille sont sortis les derniers. Une fois en plein air, chacun s'est mis en observation avec une grande anxiété ; tous les regards étaient dirigés vers la montagne. Mais, cette fois encore, il n'est tombé aucune pierre, et ceux qui ont parcouru le territoire n'ont aperçu ni désordre, ni crevasse. En revanche, nous avons entendu, à deux reprises, des murmures souterrains, mais sans aucune secousse. Plusieurs villageois voulaient encore traiter cela de bagatelle ; alors papa leur a dit ce que j'avais déjà observé quatre nuits auparavant.

— Ecoutons, a-t-il ajouté, ces avis d'un Maître qui nous aime alors même qu'il nous châtie. Le moment est venu de mettre au moins en sûreté nos femmes et nos enfants. Allons camper au bois des Biolaires ; quelques hommes feront tour à tour la garde du village. Mettons à l'abri des accidents tout ce que nous pouvons y mettre. Ceci peut durer longtemps, et il sera bon de penser, dès à présent, aux besoins de l'hiver.

D'autres hommes ont parlé ensuite ; plusieurs ne goûtaient point les prudents avis de papa ; le plus animé venait de prendre la parole dans ce conseil en plein air, lorsqu'un nouveau murmure est venu lui imposer silence... alors... Ah ! mon ami, le bruit fatal recommence avec plus de force... Je n'ai pas le temps d'achever ce récit... Toute la famille est déjà en sûreté... Nous quittons Germany plus vite encore que je n'avais cru... Sois tranquille, les vies sont sauves. Je t'écrirai demain.

Aux bois des Biolaires, 5 août.

Il faut, mon cher Gustave, toute l'amitié que je te porte pour me décider à t'écrire ce soir après la journée la plus troublée et la plus pénible de ma vie. Je le ferai même avec quelque détail, parce que nous sentons que tu en as besoin. Et ferais-je moins pour toi que ne fait pour Caroline notre maman, qui est assise auprès de moi dans une baraque improvisée? Tous nos frères et sœurs sont autour de nous; Rodolphe et Benjamin jouent à mes pieds; Elise s'occupe avec notre bonne des moyens de nous faire souper; Marguerite suit des yeux ma plume, et lit cette lettre avant toi.

Ne te disais-je pas que Joseph Servien, qui ne voulait pas qu'on abandonnât le village pour un peu de bruit, avait été interrompu tout-à-coup par le murmure souterrain et le frémissement du sol? Aussitôt, plus pâle que les autres, il a

changé de langage et s'est écrié : « Sauve qui
peut! » Ce cri n'a eu que trop de retentissement.
Plusieurs se sont enfuis soudainement au bois
des Biolaires, sans rien emporter avec eux ; mais
la plupart des hommes, après avoir fait prendre
le même chemin aux femmes et aux enfants, ont
eu le courage de retourner dans leurs demeures.
Depuis quelque temps, par le conseil de papa,
chacun avait mis à part et serré dans des coffres
les effets les plus précieux. On les tire des habitations, on les charge sur des voitures, on
ajoute quelques provisions ; le bétail est chassé
hors des étables, et la triste procession commence. Dès lors le mouvement a été continuel
jusqu'au soir. Ceux qui s'étaient d'abord éloignés
précipitamment se ravisaient et revenaient prendre quelques effets indispensables et des vivres.
Dans plusieurs familles, les femmes et les jeunes
enfants ne voulaient pas quitter les pères et les
frères. On avait beau se fâcher. « Si vous mou-
rez, disaient les femmes, nous voulons mourir
avec vous. » Les bruits souterrains avaient cessé,
le sol ne frémissait plus sous les pas, mais l'im-
pulsion était donnée, les imaginations ébranlées : à ce moment, aucune puissance humaine
n'aurait retenu dans leur village les habitants de

Germany. D'ailleurs, la nuit qui s'avançait rendait la scène plus lugubre; il soufflait un vent d'orage, assez fort pour faire ployer les grosses branches, et dans les gémissements des vergers et des bois on croyait entendre la voix de la montagne. Je n'essaierai pas de te décrire la conduite de nos parents; elle est bien au-dessus de mes éloges. Leur calme, leur bonté, leur présence d'esprit, a soutenu le courage de beaucoup de gens; mais ils ont eu de dignes auxiliaires dans toute la paroisse. On n'a fait jusqu'à la nuit que porter du village aux Biolaires des planches, des solives, des lits, de la paille, enfin ce qui était le plus indispensable pour abriter les familles.

Juge de la confusion qui régnait dans ce campement! Il y avait à peine des baraques pour les infirmes, les femmes et les enfants. Tous les hommes ont couché à l'abri des buissons ou des arbres. Papa et les membres de la municipalité allaient de côté et d'autre, soutenant les faibles, consolant les affligés, et faisant distribuer un peu de vin aux travailleurs. On avait allumé quelques grands feux, autour desquels les mères de famille faisaient cuire la soupe. Tout cela, vu à quelque distance, offrait un spectacle étrange.

Vers dix heures le tumulte avait cessé, mais il y eut encore un bien triste moment, c'est celui où dix hommes tirés au sort partirent pour aller faire la garde du village. Au moment où ils s'éloignaient et souhaitaient le bonsoir à leurs familles éplorées, je priai mes parents de me laisser suivre ces braves gens; Papa m'y encouragea lui-même. Nos voisins ne voulaient pas me le permettre, mais il dit : « Mes chers paroissiens, vous aimez à voir dans Théodore celui qui doit être un jour mon suffragant, permettez-lui d'en remplir aujourd'hui les fonctions : il pourra vous être utile dans le poste où vous veillerez sous la garde du Seigneur. » En disant ces mots, papa mettait une Bible dans mes mains.

La nuit s'est passée sans accident; nous avons veillé dans une maison de bois, comme étant un asile plus sûr. Deux hommes allaient tour à tour faire la ronde. J'ai fait aussi mon tour de faction. A te parler franchement, nous n'avons pas été fâchés de revoir l'aurore. Aussitôt, les visites au village ont recommencé, et, les gardiens devenant inutiles, nous sommes allés dormir au bois.

A mon réveil, j'ai trouvé un peu d'ordre autour de nous. Il était onze heures; la matinée avait été consacrée à tracer le plan du nouveau Germany, comme disent quelques-uns de ces pauvres gens. C'est une large avenue, tracée de l'est à l'ouest, adossée à la forêt, et le long de laquelle chacun établit définitivement sa cabane, avec un appentis pour loger le bétail. On travaille avec ardeur, et déjà beaucoup de voisins accourent à notre aide. Ils nous avaient crus abîmés, et ils nous félicitent comme les gens les plus heureux du monde. Les uns nous apportent des vivres; les autres des matériaux pour bâtir nos baraques. Plusieurs voudraient nous emmener chez eux, mais aucun de nous ne consentirait à s'éloigner davantage. A vrai dire, nous sommes ici en parfaite sûreté contre le fléau, et d'ailleurs c'est une chose admirable de voir comme le malheur unit les hommes entre eux : nous croirions commettre une trahison de nous séparer les uns des autres.

J'allais poursuivre, car j'avais encore bien des choses à te dire; mais le messager recueille les lettres pour les porter à la ville, et nous ne voulons pas laisser partir cet ordinaire sans te donner de nos nouvelles. Tu dois être cependant beaucoup moins inquiet sur notre compte que dans le temps où nous étions si bien

logés dans notre cher presbytère. Nous ne tarde-
rons pas à l'être ici tolérablement.

D'ÉLISE.

Aux Biolaires, 8 août.

C'est ta sœur Élise qui va t'écrire aujour-
d'hui, mon ami Gustave. Théodore est si occupé,
si fatigué, qu'il ne peut tenir la plume. Il est
devenu avec papa, charpentier, menuisier, ma-
çon, que sais-je encore ! Ils auraient tous deux
assez à faire pour la famille, et ils travaillent
encore pour les autres; ou, s'ils ne travaillent
pas, ils dirigent, ils conseillent, ils encouragent
les ouvriers. Il paraît que nous ne sommes pas
près de retourner à Germany, car les Biolaires
prennent de plus en plus l'apparence d'un village. Mais quelles maisons, mon ami, et quels
appartements ! Cela fait pitié. Je vois pourtant des
petits garçons qui s'en amusent, et qui trouvent
fort plaisant de bâtir et d'habiter ces pauvres
cabanes. Figure-toi que la nôtre n'est pas plus
grande que n'était notre salle à manger. Cependant elle est, ou plutôt elle sera divisée en trois
compartiments ; ce seront trois chambres à cou-

cher, l'une pour nos parents, l'autre pour la bonne, pour Marguerite et moi, la troisième pour Gustave, Rodolphe et Benjamin. Pour le moment, ces trois pièces sont séparées par des rideaux ; ce soir, elles le seront par des cloisons de planches. On fait la cuisine dehors, sous une espèce d'abri. Nos deux vaches et notre cheval sont à côté de nous dans un hangar ; la nuit, j'entends leurs moindres mouvements, et même j'entends le cheval manger son foin. On nous dit que nous y serons bien vite accoutumés.

Les hommes qui gardent le village et ceux qui cultivent les champs, assurent qu'ils n'ont pas aperçu le moindre mouvement de terrain ni le plus léger bruit, depuis le triste dimanche. Aussi, beaucoup de gens parlent déjà de retourner au village. Ce n'est pas l'avis de papa et des hommes les plus prudents. Dieu veuille nous secourir !

Pendant tout ce remue-ménage, les leçons et les études vont assez mal. Jenny vient lire et travailler avec moi, mais Théodore ne peut nous donner aucune leçon. Vous devez bien être affligés, Caroline et toi, de nous savoir dans une si pénible position ; mais que pourriez-vous y faire ? Quand vous seriez ici, vous ne feriez

qu'augmenter notre gêne. La baraque n'est pas
trop grande pour nous. Non , cher Gustave, ne
parle pas de venir encore. Attends que nous puissions te recevoir dans le presbytère. Oh! quand
nous t'y tiendrons, nous ne te laisserons plus
échapper.

D'ÉLISE.

Aux Biolaires, 14 août.

Il faudra, mon cher frère, te contenter encore
aujourd'hui d'une lettre d'Elise ; les occupations
de Théodore ne font que s'accroître, et vraiment, ce n'est pas trop de deux pasteurs à présent pour les habitants de Germany. Théodore
en fait un peu les fonctions, sans en avoir encore
l'âge et le titre ; il est de plus maître d'école,
parce que le vieux Randier est tombé malade
subitement. On a déjà construit une baraque
plus grande que les autres au milieu du village ;
c'est tour à tour la maison commune et la maison d'école. Depuis trois jours, les enfants y
reçoivent les leçons de notre frère. Vis-à-vis de
l'école, on construit une église, c'est-à-dire une
cabane de même dimension que le temple de

Germany. Mais figure-toi quelle différence ! N'importe, on n'y sera pas moins attentif aux prières et aux exhortations du pasteur. Nous n'avons pas attendu que la maison sainte fût bâtie pour célébrer le culte. Nous nous sommes réunis dimanche dans le bois ; de noirs sapins nous formaient une espèce de salle. Quel beau temple ! Avec quelle joie nous avons chanté sous cette voûte sombre le cantique de délivrance, et rendu grâce au Seigneur de nous trouver tous réunis en sa présence ! Car dans ce terrible évènement nous n'avons perdu personne. Mais une des filles de la vieille Marie et Susanne Modier, la femme du garde-forêt, sont malades, comme le bon Randier, de fatigue ou d'émotion.

Jusqu'à présent, nous avons un peu vécu en communauté, l'un venant au secours de l'autre ; on se prête, on se donne tour-à-tour les choses nécessaires. Plusieurs familles se réunissent pour prendre leurs repas ensemble ; il n'y a pas même encore de logement pour tous.

Papa et maman n'ont pas voulu laisser à d'autres le soin et la garde des pauvres petits Préroman ; ils sont logés avec leur tante à côté de chez nous. C'est Théodore et leur valet qui ont bâti leur cabane. Enfin, cher ami, si la cause de notre émigration n'était pas si triste, nous trouverions ce campement au bois des Biolaires assez amusant ; mais nous craignons à tout moment d'apprendre de fâcheuses nouvelles ; nous tremblons pour Germany et pour ceux qui le gardent. Voici maman qui veut ajouter quelques mots.

DE LA MÈRE.

Élise m'a laissé peu de place, mon cher enfant : je l'emploierai à te féliciter de nous savoir à l'abri du danger. Tu nous aimes mieux sans doute sous nos baraques de bois aux Biolaires que dans nos maisons de Germany. Ces cahuttes pourraient tomber sur nos têtes sans nous faire beaucoup de mal ; au reste, le lieu où nous sommes n'a jamais éprouvé de secousses ; les bruits souterrains ne s'étendent pas jusqu'ici : nous sommes en dehors du foyer. Cela ira bien tant que dureront les beaux jours. Mais, s'il faut passer ici l'hiver, nous serons mal à notre aise. Attendons, espérons. Caroline nous dit qu'elle reçoit quelquefois de tes lettres et que nous n'y sommes pas oubliés. Hélas ! nous craignons plutôt de vous donner trop de souci à tous deux.

Nous ne cessons pas de lui recommander, comme à toi, d'avoir une parfaite confiance en nous. Vous serez informés exactement de tout ce qui se passe. Vous voyez bien que jusqu'à présent nous ne vous avons pas ménagés. C'est le mieux : on doit aux absents toute la vérité; les réticences et les dissimulations produisent l'inquiétude, qui est pire que le chagrin. Si nous avions été riches, mon cher Gustave, nous vous aurions rappelés tous deux ; mais la cause qui vous a éloignés de nous vous interdit le retour, à moins qu'il ne soit nécessaire. Si nous avions quelque argent de trop, tu peux croire qu'il trouverait ici son emploi, car il va sans dire que ce déplacement subit et toutes ses conséquences causent un grand préjudice à nos pauvres paroissiens. Heureusement les voisins et le gouvernement viennent à leur secours.

Aux Biolaires, 18 août.

Tu me pardonnes aisément, cher Gustave, d'avoir interrompu quelque temps ma correspondance ; maman et mon écolière m'ont fort bien remplacé. C'est moi qui sentais vivement la privation du plaisir que je goûte à converser

avec toi. Tu demandes quel terme nous prévoyons à la pénible situation où nous sommes :
nous n'en prévoyons aucun, et notre établissement aux Biolaires pourrait bien se prolonger
indéfiniment. Il est cependant très-fâcheux pour
nos campagnards d'habiter si loin de leurs posses-
sions. Le climat des Biolaires est beaucoup plus
rude : les terres qui nous environnent appartien-
nent, il est vrai, à la commune et pourraient être
distribuées, à titre d'usage, aux particuliers, mais
elles ne peuvent servir que de pâturages. Il faudrait bâtir : ce serait une ruine. Aussi plusieurs
ont-ils déjà proposé de retourner à Germany, alléguant qu'il n'y a plus rien à craindre. Cependant
la montagne gronde quelquefois ; ces murmures
ne sont pas toujours assez forts pour être en-
tendus distinctement, à moins qu'on n'appuie
l'oreille contre terre. On a jugé prudent d'avoir
ainsi un observateur aux écoutes, afin de suivre
exactement la marche du phénomène.

L'homme qui était en faction hier au soir
nous a causé une alerte bizarre. Les gardiens
de Germany venaient de se rendre à leur poste ;
l'observateur, qui était posté à quarante pas de
la maison, à la place accoutumée, s'est écrié que
le bruit recommençait. Aussitôt ses compagnons

ont appuyé l'oreille sur le sol, et ils se sont relevés avec effroi : ils avaient tous entendu le bruit souterrain. Ils ont jugé prudent de revenir aux Biolaires. L'émotion a été grande ; elle l'a été bien plus, quand le vieux Philippe, qui était couché par terre dans son logis (nos baraques n'ont pas d'autre plancher) a déclaré que lui aussi il avait entendu le bruit souterrain. « Et voulez-vous savoir ce que c'est ? a-t-il ajouté en riant ; c'est le canon qu'on tire à la ville, en l'honneur de la fête civique. J'ai compté les décharges, toutes égales, jusqu'à douze. Allez, mes amis, nous serions bien heureux de n'avoir pas à craindre d'autre artillerie que celle-là. » Tout le monde a ri comme Philippe, et nos gardiens, un peu confus, sont retournés à leur poste en chantant.

Que de fois, mon cher Gustave, l'homme doit se féliciter que l'avenir lui soit impénétrable ! Cette heureuse ignorance fait le repos de la vie. Mais, dans une position comme la nôtre, quel avantage, si nous pouvions savoir ce qui doit arriver ! Nous pourrions prendre un parti, rentrer dans nos chères demeures ou nous établir aux Biolaires d'une manière fixe. Nous nous gênons peut-être sans nécessité ; nous campons, comme les Hébreux, au désert, et la montagne reste ferme sur sa base! Quelques menaces du géant ont suffi pour chasser les pauvres nains de leurs domiciles. Quand je le vois se dresser dans l'ombre, il me semble qu'il nous regarde en pitié et qu'il rit de nos alarmes. O montagne, ne pourrais-tu nous dire ton secret?

Germany, 26 août.

Mon cher Gustave,

Si ce n'est pas du presbytère, du moins c'est de Germany que je t'écris cette lettre. Je suis de garde, et je profite de mon loisir pour passer quelques moments avec toi. Avant la fin du jour je me suis promené seul dans ce village désert, et cette revue m'a laissé une impression de tristesse que tu peux te figurer. Toutes ces maisons, ces granges, ces étables fermées; ce silence, cette immobilité, au milieu d'une brillante nature; ces arbres hospitaliers, qui demandent où sont leurs hôtes; ces fruits, qui pendent aux branches, sans réjouir les yeux de leurs maîtres; ces fontaines murmurantes, qui **restent** sans emploi; tout cela est si étrange que j'en avais lé cœur serré. Aussitôt que la journée est finie, les cultivateurs s'empressent de regagner les Biolaires ; le cheval, en passant devant son écurie, hennit et s'arrête ; les vaches s'attardent devant les fontaines ; il faut les presser pour les décider à suivre leur marche. Autant qu'on le peut, on emporte aux Biolaires les récoltes à mesure qu'on les a faites. Il ne restera bientôt plus dans les granges le souper d'une souris. Cependant les chats, suivant leur instinct, sont fidèles à leurs pénates. C'est comme prisonniers qu'ils ont passé au camp des Biolaires ; plusieurs, en parcourant la campagne, retrouvent le chemin du village et regagnent avec empressement le logis accoutumé. Ils miaulent devant la porte, ou cherchent fortune sur les toits, jusqu'à ce qu'on les reprenne ; mais ils sont incorrigibles, ils reviennent toujours.

Tu comprends que le presbytère n'est pas oublié dans mes rares visites à Germany. Je parcours la maison tout entière ; je regarde aux murailles, aux plafonds, si je n'aperçois pas quelques fêlures suspectes, et la défiance m'en fait découvrir qui ont peut-être vingt ans d'existence, mais que je n'avais pas remarquées autrefois. C'est là que tout me parle avec une incroyable vivacité. Si cette maison est détruite, elle empor-

tera une grande partie de nos plus chers souvenirs. Que la vue de ce foyer désert, froid et
sombre, m'afflige et me blesse ! Il semble que la
mort ait tout balayé ! Au jardin, les impressions
sont plus douces. Ces frêles arbrisseaux, qui
bravent le fléau dont nous fuyons les menaces,
ces fleurs, qui me sourient, me disent en leur
langage : « Espérance ! espérance ! » Je les ré-
compense bien mal d'un si doux accueil , je fais
des moissons de roses, d'œillets, de réséda. Pauvres fleurs, vos fidèles amies ne peuvent plus vous
soigner, vous arroser, vous contempler sur vos
tiges, et vous venez du moins les consoler un
peu dans leur triste cabane ! Tu peux juger
s'ils sont bien reçus les bouquets de Théodore,
dont l'absence a causé de trop vives alarmes,
et dont le retour est célébré chaque fois comme
une délivrance !

Pour moi, quand je suis à Germany, j'oublie
tout-à-fait le danger qui le menace ; on s'accoutume à ce murmure et même à ce frémissement
de la montagne ; on se figure qu'elle est au bout
de ses forces. O savants hommes, si vous pou-
viez lire l'avenir dans ses entrailles plus sûre-
ment que les aruspices[1] dans celles de leurs

[1] Prêtres de l'ancienne Rome.

victimes, vous rendriez un signalé service aux habitants de Germany ! Bonsoir, cher frère, je vais faire ma faction, après quoi, comme un autre Alexandre, je dormirai jusqu'au matin.

Aux Biolaires, 2 septembre.

Je te parlais de nos chats, si fidèles aux pénates villageois : il faut convenir que notre instinct est le même. Nous aussi nous trouvons beaucoup à dire au campement des Biolaires, et nous regrettons le nid paternel, non-seulement parce qu'il était plus doux, plus commode et mieux abrité, mais parce qu'une longue habitude nous l'a rendu nécessaire. D'ailleurs, l'été se passe ; nous touchons à l'automne, et, dès le mois de novembre, parfois même bien plus tôt, dans nos montagnes l'automne ressemble à l'hiver. Passerons-nous l'hiver aux Biolaires ? C'est la question à l'ordre du jour. Elle nous divise en deux partis de forces à peu près égales. On est convenu de la traiter dans une assemblée générale. Tous les chefs de famille auront voix délibérative ; les jeunes gens, qui ont atteint la majorité, auront voix consultative. Les femmes ne voteront pas, mais leur influence ne sera pas moins grande : quel père voudrait contraindre sa fille et quel mari sa femme d'habiter un séjour qui leur serait insupportable ou qu'elles . croiraient dangereux?

Quoique je n'aie pas un mot à dire dans ce débat, j'ai voulu, pour m'éclairer sur la question, parcourir le territoire de Germany et observer encore une fois l'état des lieux. Je suis d'abord monté au pâturage d'Amont, et j'ai visité l'emplacement de la terrible crevasse. Toute la colère de la montagne et ses tressaillements n'ont rien produit de fâcheux ; l'ouverture, aujourd'hui comblée, est tapissée d'herbe et de fleurs ; j'ai cueilli l'euphorbe, le thym, la pâquerette sur la place redoutée. De là je suis descendu, en faisant de nombreux zig-zags, cherchant à découvrir quelques débris de rocher qui me parût nouvellement arrivé ; je n'ai trouvé partout que de vieilles connaissances ; des pierres moussues, d'autres qui portent sur le dos d'épais buissons. Je m'en allais sans avoir rien découvert, lorsque Henri Blavet, qui était arrêté dans un pré, au bas du vallon, m'appela et me fit signe qu'il avait quelque chose de curieux à me signaler. J'accourus : « Approchez votre main de la terre en cet endroit, » me dit-il. J'approchai la main, et je fus bien surpris de sentir un courant d'air, qui s'échappait d'une ouverture presque imperceptible. « Ne connaissez-vous cela que d'aujourd'hui? demandai-je à Blavet. — C'est à présent même que je viens de le remarquer, me répondit-il. Cette hottée d'herbe me pesait sur les épaules ; j'ai voulu m'en décharger un moment, et, en me baissant vers la terre, j'ai posé par le plus grand hasard, la main sur ce trou. » Aussitôt, je me suis rappelé ces émanations de gaz acide carbonique qu'on a remarquées en quelques lieux. Henri Blavet avait de quoi faire du feu ; nous avons approché de l'orifice une allumette enflammée, et soudain elle s'est éteinte, quoique je l'eusse préservée de l'action du courant. Cela nous a fait pousser un cri de surprise. Une seconde et une troisième expérience ont amené le même résultat. Cette découverte a fait sensation. Papa expliquait de son mieux à nos campagnards la nature de ce phénomène produit peut-être par la combustion, ajoutant qu'il s'accordait fort bien avec ce que tu nous as dit sur la cause probable du désordre de la montagne. Il y aurait donc quelque part un amas de matières enflammées dans ses impénétrables profondeurs ?

Aux Biolaires, 6 septembre.

Hier au soir, vers cinq heures, les chefs de famille se sont réunis en conseil ; la séance s'est tenue en plein champ ; elle était publique, et personne n'y manquait ; les plus jeunes gens, les femmes, les enfants même, entouraient les pères, qui étaient au nombre de soixante-quatre, assis sur des bancs ou des pièces de bois. Je pouvais, presque seul parmi les spectateurs, faire des rapprochements d'un certain genre entre cette assemblée et celles dont parlent les histoires, particulièrement l'histoire de notre pays. Je me sentais ému en voyant cette petite landsgemeinde[1], qui allait décider peut-être sur elle-même une question de vie ou de mort. Et sans doute ce sentiment s'était éveillé dans tous les cœurs, car les figures étaient graves, les regards attentifs ; les enfants eux-mêmes se tenaient immobiles et silencieux.

Beaucoup de gens ont parlé, mais, comme il arrive aux hommes qui n'ont aucune expérience du discours public, chacun ne présentait que de

---

[1] Assemblée générale du peuple dans les petits cantons suisses.

courtes observations , et n'envisageait qu'un point de la question. Elle n'a été traitée avec quelque développement que par notre père. On était impatient de l'entendre. Quand il s'est levé à son tour, l'attention a redoublé, et il était lui-même visiblement ému. Voici ses paroles, que j'ai recueillies pour Caroline et pour toi :

« Mes chers concitoyens, le conseil que je vous donnerai sera peut-être blâmé plus tard ; si Germany est épargné par le fléau, l'on dira que votre pasteur s'est montré timide, qu'il a manqué de confiance en Dieu ; mais peut-être aussi ceux qui veulent vous rappeler aujourd'hui dans vos demeures menacées, auront-ils, si nous leur obéissons, de cruels regrets dans un moment terrible et suprème. Ne cherchons pas à pénétrer l'avenir, que la Providence a voulu dérober à notre vue. Usons des conseils de la sagesse humaine ; considérons ce que nous représentent la raison et la prudence, et suivons leurs directions sans scrupule : ce n'est pas ici une de ces occasions où la voix de la conscience parle d'une manière impérieuse, où nous ne pouvons, sans remords, fermer l'oreille à ses inspirations, enfin, où il n'est pas permis de choisir.

« Pour moi, je le déclare, en vous donnant aujourd'hui les conseils d'une inquiète prévoyance, je ne sens pas que mon cœur me fasse le plus léger reproche ; je ne crois nullement offenser Dieu, en prenant souci de votre vie.

« Quand la montagne s'ébranla pour la première fois, nous restâmes dans nos demeures, et même les avis d'un gouvernement paternel ne purent nous en faire sortir. Nous avions résolu d'attendre un second avertissement de la Providence. Cet avertissement nous l'avons reçu ; nous avons suivi cette voix terrible et salutaire ; c'est elle qui nous a fait chercher ce refuge. Depuis lors, elle ne cesse pas de se faire entendre, et, si nous ne voulions pas l'écouter, nous pourrions être appelés justement un peuple ingrat et rebelle. Ce souffle mystérieux qui s'exhale de la terre, et que l'un d'entre vous a si heureusement découvert ; ces tonnerres souterrains, ce tremblement du sol sous nos pas, sont des signes que nous envoie la bonté du Créateur. *Qui a des yeux pour voir, qu'il voie ; qui a des oreilles pour entendre, qu'il entende !*

« Dans vos maladies, vous recourez aux médecins ; dans vos affaires aux hommes de loi ; dans vos entreprises agricoles, à ceux qu'une longue expérience a rendus capables de vous bien diriger : j'ai consulté pour vous et pour moi les hommes qui ont pénétré dans les mines et les cavernes, et qui savent mieux que nous ce qui se passe dans ces ténébreuses profondeurs ; j'ai consulté ce savant illustre, notre concitoyen, dont les travaux habiles tirent des entrailles de la terre le sel abondant et pur que vous donnez à votre bétail : tous ces hommes nous disent que nous serions téméraires de nous réinstaller actuellement à Germany ; tous nous pressent et nous conjurent de rester où nous sommes.

» Nous avons formé aux Biolaires un établissement provisoire, très-insuffisant et très-incomplet sans doute, mais qui a pourtant sa valeur ; si nous l'abandonnons, nous risquons de regretter amèrement cette démarche précipitée ; et, pour ne rien supposer de plus funeste, nous pouvons être forcés de déloger encore brusquement, dans la saison rigoureuse. Figurez-vous les peines, les difficultés, et même les dangers d'un pareil déplacement au cœur de l'hiver ! Il ne s'effectuerait pas, comme le premier, sans faire quelques victimes ; les infirmes, les enfants paieraient la peine de notre imprudence. Je ne dis rien de l'espèce de honte qui s'attache toujours à la légèreté et à l'inconstance. Tous nos voisins ont approuvé notre première émigration de Germany : la seconde ferait dire de nous que nous ne savons pas nous conduire, et que nous n'avons ni le courage d'affronter le péril, ni la patience de souffrir la gêne et les privations.

» Oui, si nous restons ici, nous aurons à supporter quelques incommodités ; mais, avec un peu de travail, nous rendrons notre situation meilleure ; on se garantit fort bien d'un froid rigoureux dans les maisons de bois. Nous serons logés étroitement : c'est une gêne ; mais, si nous rentrons à Germany, nous exposons nos familles à une catastrophe. Mes amis, puisqu'il n'est pas nécessaire de quitter nos cabanes, laissons à la montagne le temps de s'apaiser ou de déployer ses dernières fureurs. Si elle doit s'abîmer, qu'elle emporte avec elle vos héritages, mais qu'elle vous laisse tous ces enfants qui vous environnent et qui attendent ce que vous allez résoudre pour vous et pour eux. Leur vie et leur mort sont dans vos mains.

» Pour moi et ma famille, mes chers paroissiens, je n'ai pas besoin de vous le dire, où vous serez nous serons aussi ; où vous irez, nous vous suivrons. Mais ne songez qu'à vous-mêmes ; et puisse le Seigneur, qui vous a si visiblement gardés jusqu'à ce jour, vous inspirer la résolution la plus sage ! »

Je t'assure, mon cher Gustave, que ce fut un touchant spectacle de voir, après que papa eut fini de parler, ceux qui l'entouraient lui serrer la main, et toute l'assemblée donner des signes d'une émotion profonde. Toutes les mères avaient les larmes aux yeux, mais c'étaient des larmes de joie. Leurs enfants étaient sauvés ! Elles les pressaient dans leurs bras en bénissant leur cher pasteur. Au milieu du trouble, le président invita les pères de famille à voter régulièrement, mais ils s'écrièrent d'une voix unanime : « Nous resterons ! nous resterons ! »

Là-dessus, le vieux Philippe, dont tu connais la joviale franchise, fit signe qu'il voulait parler, et, le silence s'étant rétabli : « Oui, mes amis, s'écria-t-il, nous resterons, mais non pas les bras croisés ! Les neiges descendent, les gelées s'approchent ; à l'ouvrage ! Il faut calfeutrer nos cabanes et leur mettre les habits d'hiver ; il faut amener aux Biolaires toutes nos provisions, enfin ne laisser, si l'on peut, aux maisons de Germany que les toits et les quatre murs. Qu'il y ait peu de chose à garder, afin que peu de gardiens suffisent. Moins de vies seront exposées à la gueule du monstre. Je trouve, comme notre vénérable pasteur, que la vie d'un chrétien vaut plus que trois granges pleines de blé. »

Après cette allocution, la séance a été levée, et sur-le-champ les travaux ont pris une activité nouvelle. On doublera toutes les cabanes et l'on garnira l'entre-deux de mousse ou de foin. On agrandira les étables ; les bestiaux y seront logés en commun, pour les tenir plus chaudement. Tandis qu'une partie des habitants achèvera la récolte, les autres s'occuperont du campement. Nous avons l'espérance de n'être à charge à personne et de nous suffire. Nous mettrons les foins et les blés en meules, comme on fait en d'autres pays, au lieu de les engranger ; nous creuserons des silos pour serrer les grains ; une source abondante a été conduite jusqu'au village, et pourra se diviser en quatre fontaines ; enfin on va construire deux fours, qui suffiront au besoin de la population. Grâce au ciel, nous avons de quoi les occuper jusqu'à la prochaine moisson.

15 septembre.

Comme tu l'as prévu, cher Gustave, les sinistres nouvelles des désastres arrivés dans plusieurs vallées alpestres ne pouvaient nous laisser calmes et tranquilles, et nous avions assez prévu nous-mêmes qu'elles augmenteraient tes inquiétudes. Les montagnes se sont ébranlées; des rivières ont tari, des sources ont jailli subitement, et bien des habitations humaines ont été renversées. Nous déplorons ces malheurs; mais, au milieu de ce vaste ébranlement, Germany et ses environs n'ont ressenti aucune secousse; et les infortunés qui nous avaient jugés si dignes de pitié sont devenus à leur tour pour nous-mêmes un objet de compassion. Oui, les fléaux de la nature sont aussi imprévus qu'ils sont terribles et souvent inévitables. Cependant cela ne saurait justifier la résolution soudaine que viennent de prendre six chefs de famille. Ennuyés du campement des Biolaires, fatigués des travaux et des soins qu'exige la perspective de l'hiver, ils ont décidé, puisqu'aussi bien, disent-ils, on peut mourir partout, de rentrer au village avec leurs femmes, leurs enfants et tout leur avoir. Nous avons fait tout ce que nous avons pu pour les retenir et les engager à ne pas rompre le faisceau; ils nous ont répondu avec une cordiale franchise : « C'est ici une affaire où chacun ne doit consulter que son sentiment personnel.

Vous nous dites : « Restez avec nous; » nous pourrions aussi bien vous dire : « Suivez-nous. » L'avenir décidera quels auront été les plus sages. » Toutes les représentations sont demeurées sans effet; nos amis vont rentrer dans leurs foyers, et, malheureusement, leurs femmes et les enfants ne sont pas tous aussi rassurés qu'ils le sont eux-mêmes. Je sais que papa et nos hommes les plus sages ont représenté à ces imprudents qu'ils portaient bien loin l'exercice de la puissance paternelle : mais c'est une matière délicate; comment se jeter à la traverse, sans risquer de compromettre une autorité nécessaire à l'ordre et à la paix des familles? On gémit et on laisse faire.

Ce départ nous attriste; papa suppose que d'autres ménages pourront bien suivre cet exemple, et la paroisse finira par être coupée en deux. Nous avons du moins obtenu que nos infidèles laisseraient debout leurs cabanes. Notre dessein est de les tenir prêtes à recevoir leurs maîtres, si quelques nouvelles alarmes les chassent de Germany. « Nous viendrons vous voir, disent-ils; nous viendrons prier avec vous; vous-mêmes vous prendrez courage, et vous nous visiterez à votre tour. » Il n'est pas douteux que papa ne le fasse souvent, et c'est une grande raison pour maman et pour nous de regretter cette fâcheuse résolution.

Je me faisais de notre hivernage une idée riante ; je voyais tous les paroissiens plus étroitement réunis autour de leur pasteur ; nous faisions déjà de beaux projets pour les occuper, les amuser et les instruire : cette malheureuse décision dérange tous nos plans, ou du moins nous afflige et nous décourage.

Voilà, mon ami, comme nous vivons aux Biolaires, et comme nous avons ressenti le contre-coup de ces tremblements de terre, dont la nouvelle répand l'effroi dans toute l'Europe. Aurait-on pu croire que ce qui excite en d'autres lieux tant de craintes pusillanimes provoquerait chez nous un acte de si grande témérité ?

22 septembre.

Les habitants des Biolaires ne vont plus à Germany que pour les récoltes et la culture. On les fait à la hâte ; on recueille tout ce qu'on peut pour le transporter ici. Pourquoi rester longtemps dans un lieu qui offre toujours les mêmes sujets d'alarmes ? Les six familles qui sont rentrées dans leurs foyers pourront bien, avant qu'il soit longtemps, se lasser d'un si triste séjour. Cependant nous avons expressément recommandé à nos enfants de ne rien dire à ceux qui sont retournés à Germany des craintes que leur situation nous inspire. Mais les choses ne parlent que trop d'elles-mêmes; ces pauvres petits savent bien pourquoi tant de maisons sont désertes; pourquoi les cultivateurs sont si pressés de quitter leurs terres, une fois que l'ouvrage indispensable est achevé. Heureusement la loi, qui exige la fréquentation des écoles publiques, oblige les enfants de Germany de venir aux Biolaires, et, sous prétexte que la distance est trop grande, nous les gardons entre l'école du matin et l'école du soir. Lorsqu'ils doivent nous quitter, quelques-uns laissent voir de la répugnance, et cela nous fait une grande pitié. Nous les rassurons de notre mieux; je les accompagne plus souvent et plus loin que maman ne voudrait; quand je leur touche la main, au moment de la séparation, si je leur dis, en souriant : « A demain! » Ils ne manquent pas de répondre : « S'il plaît à Dieu! » Et ces mots, qui sont devenus, mal-à-propos, dans la vie ordinaire, une formule banale, prennent, dans cette circonstance, une signification sérieuse et triste, que l'expression de ces jeunes visages explique assez clairement.

Les semailles sont commencées : tu sais que dans nos montagnes elles se font un peu plus tôt que dans la plaine. Le temps les favorise parfaitement ; mais que deviendront ces grains confiés à la terre ? Je trouvai toujours un charme secret dans les derniers soins que les cultivateurs prennent de leurs champs avant l'hiver. On aime à voir les travaux de l'année qui va mourir préparer les récoltes de celle qui va naître ; mais il y a cette fois entre les semailles et les moissons une chance de plus, une chance fatale, qui est sans cesse présente à la pensée de nos laboureurs. Ces champs porteront-ils encore des moissons dorées ? Germany sera-t-il debout et ses vergers florissants au retour des hirondelles ?

Aux Biolaires, 30 septembre.

Mon cher Gustave,

Je t'envoie le tableau de nos observations sur le bruit et le mouvement de la montagne, depuis la nuit du 1er août. Tu verras qu'il n'y a pas la moindre fixité dans la marche du phénomène, et je ne suppose pas que vous puissiez en déduire une loi constante. Ni les moments, ni la durée, ni l'intensité du bruit ne sont jamais prévus; tantôt il commence brusquement, puis il va s'affaiblissant par degrés; tantôt il suit une progression croissante, et du plus sourd murmure s'élève jusqu'au plus terrible retentissement; ce sont quelquefois des explosions interrompues, comme une suite de détonnations; quelquefois c'est un roulement continu. Les mouvements sont tout aussi capricieux; mais ils sont en général peu distincts; ce sont plutôt des frémissements que de véritables secousses. Enfin, nous croyons que les bruits et les oscillations perdent quelque chose en intensité à mesure qu'ils se répètent plus souvent; ou serait-ce peut-être que l'habitude rend les observateurs moins craintifs?

Les habitants actuels de Germany nous traitent cependant de poltrons. « Il ne faut pas, disent-ils, faire plus d'attention aux tonnerres d'en bas qu'à ceux d'en haut. Dieu frappe où il veut; il ne faut que baisser la tête et le laisser faire. » A ce compte, leur dit papa, si votre maison se lézarde du haut en bas; si le toit menace de s'écrouler, vous ne croirez pas devoir sortir de chez vous; vous blâmerez toutes les sûretés que

les hommes prennent à l'approche de tout danger ; et vous irez, par un temps d'orage, vous
abriter de la pluie sous un grand arbre, au risque
d'être foudroyés ! »

Tu me demandes les noms des six téméraires
dont la situation est pour toi, comme pour nous,
un juste sujet d'alarmes : ce sont les trois frères
Gérolle, leurs deux cousins Brémont et ce bon
Montadier, le pépiniériste. Ils ont tous leurs
femmes, excepté Montadier, qui est veuf depuis
six mois, et qui n'a, comme tu le sais, qu'un fils,
âgé de dix-huit ans ; les cinq autres ont ensemble seize enfants, la plupart en bas âge. Voilà
vingt-huit personnes exposées nuit et jour au
fléau. Un courage téméraire chez les uns, l'obstination, un faux point d'honneur chez les autres ; chez les femmes, le dévouement et la résignation ; chez tous, le plaisir de retrouver leurs
habitudes, triomphent de toutes les remon-
trances.

Nos arrangements d'hiver sont à peu près
terminés, nous aurions attendu l'avenir avec
une tranquille espérance, si nous n'avions pas
le souci que nos voisins viennent de nous donner. Apparemment il ne suffisait pas, pour nous
éprouver, des maux qui nous sont imposés par

la Providence. Ceux que les hommes se font les uns aux autres sont bien plus nombreux et plus cruels. S'il n'y avait dans le monde ni guerres, ni discordes; s'il n'y avait aucun de ces accidents, aucune de ces maladies, qui sont la suite du vice, de l'imprudence et de la témérité; aucune de ces misères que la paresse ou le péché amène à sa suite, ne crois-tu pas que la somme des maux serait diminuée des trois quarts? Ce qui resterait, imposé par Dieu même, serait considérablement allégé par la résignation de chacun et la charité de tous. Je suppose la terre peuplée de chrétiens fidèles, elle nous paraîtrait, ce qu'elle est en réalité, une part du domaine céleste; la vallée de larmes se transformerait en séjour de gloire. Hélas! quand les habitants des autres planètes lèvent les yeux vers la sphère étoilée, ils les portent quelquefois de notre côté; ils tendent les mains vers notre globe, en invoquant le Créateur! mais, s'ils pouvaient connaître nos vices et nos folies, ils regarderaient d'un autre côté pour chercher Dieu, car en vérité c'est un miracle s'il ne s'est pas retiré de nous.

Aux Biolaires, 6 octobre.

Nous avons ici une personne qui regrette Germany plus vivement que toutes les autres, c'est Jenny Préroman. Mais la cause de ses regrets est si respectable, qu'on lui pardonne les vœux qu'elle fait pour que tout le monde, et particulièrement son cher pasteur, y veuille bientôt retourner. Jenny avait l'habitude de visiter chaque soir avec ses frères et sa petite sœur les tombes de son père et de sa mère; elle y avait semé des fleurs et planté quelques arbustes; elle les entretenait avec un soin touchant : cette occupation lui manque. Hier elle obtint de nos parents la permission de visiter une fois ce qu'elle appelle « son jardin. » Mme Antoinette est peu disposée à remettre les pieds sur ce terrain mal affermi, et j'ai été chargé de conduire ma petite écolière, mais, par une conséquence forcée de la première concession, il a fallu permettre à notre Élise d'accompagner Jenny. Élise n'est pas moins impatiente de revoir son jardin que l'orpheline le sien. J'ai dû promettre que l'absence, dans sa totalité, ne durerait pas plus d'une heure et demie. Nous sommes partis à quatre heures. Le temps était nébuleux; un léger vent gémissait dans les feuilles jaunies et en jetait quelques-unes à nos pieds. Le moment était fait comme exprès pour cette promenade mélancolique. Il y avait deux mois que mes écolières étaient sorties de leur village ; et, à quatorze ans, deux mois sont un espace de temps considérable. Elles nommaient avec émotion tous les objets qui se montraient successivement à leur vue ; mais, quand nous fûmes arrivés près du cimetière, de l'église et du presbytère, elles s'attendrirent l'une et l'autre, au point de me troubler aussi quelque peu. Elles marchaient devant moi ; Jenny appuyait une main sur l'épaule d'Élise, qui tenait l'autre main de Jenny dans la sienne. C'est ainsi qu'elles arrivèrent jusqu'aux deux tombes, qui sont au milieu du cimetière, et presque les seules, il faut le dire, qui soient l'objet de soins assidus. Comme, en approchant, Jenny s'aperçut que les fleurs étaient bien soignées, les arbustes taillés et nettoyés, la terre sarclée à leur pied, elle leva les yeux vers moi, et me dit : « Merci, monsieur Théodore. » Puis elle se mit à genoux pour prier, et nous la laissâmes seule quelques moments. « Attends-nous, » lui dit Élise, qui m'entraînait dans notre jardin. Elle en fit le tour à la hâte ; elle parlait à ses fleurs, à ses arbustes ; les petits oiseaux de la saison voltigeaient autour d'elle et semblaient la saluer elle-même comme une ancienne connaissance. « Voilà, disait-elle, avec nos déserteurs, les seuls habitants de Germany; mais ceux-ci ont des ailes! » Le bruit de la fontaine nous attira : nous bûmes de son eau si fraîche et si pure! Je permis ensuite à Élise de visiter la maison, et particulièrement sa petite chambre, qui regarde l'orient. Les hautes cimes des Alpes bernoises resplendissaient, au-dessus des nuages. Il me fallut arracher Élise de ce lieu, et, comme elle cheminait derrière moi dans le corridor, j'entendis quelques sanglots auxquels je n'eus pas l'air de faire attention. La jeune fille qui venait de revoir des lieux aimés, où elle a pourtant l'espérance de revenir, alla rejoindre l'orpheline, qui priait dans le cimetière ; en la voyant de loin, elle me dit tout bas : « Mon cher Théodore, que Dieu me pardonne mes pleurs! Voilà celle qui a droit de pleurer ; moi, je suis trop heureuse ! » Il nous restait quelques instants : nous les avons consacrés aux petits Gérolle et aux petits Brémont, qui, nous ayant aperçus de loin, poussèrent des cris de joie et de surprise. Nous avons eu tous trois bien de la peine à nous séparer d'eux, et nous les avons engagés à nous accompagner aussi loin que cela leur était permis. En arrivant, Élise a présenté un bouquet de fleurs à maman, qui l'a embrassée plus vivement que de coutume. Jenny apportait aussi quelques fleurs et les a déposées dans sa Bible.

Aux Biolaires, 12 octobre.

Tu trouveras peut-être que je t'entretiens de bien petites choses ; mais tu veux des nouvelles de chez nous, et tu dis qu'elles t'intéressent plus que les grands mouvements de l'Europe. Je ne sais pas inventer et mentir , je ne sais rien exagérer, et je dis les choses comme elles sont, me refusant même beaucoup de réflexions, que mes récits te suggèrent sans doute. Que penseras-tu, par exemple, de l'aventure de cette nuit ? Le premier visage que j'aie vu ce matin , au point du jour, c'est Julien Brémont, qui sortait de sa cabane ; Julien Brémont, le plus ardent promoteur du retour à Germany ; celui que nous ne pouvions aborder, dans nos visites au village, sans essuyer quelque raillerie. C'était le fanfaron de la troupe, et maman, qui le connaissait bien, avait dit : « Julien reviendra le premier. » Hier au soir le sol a tremblé, la montagne a murmuré , et soudain Julien, prenant ses enfants dans ses bras, et sa femme le suivant, je

6.

mais nos anciens s'y sont opposés formellement.
« Vous flatteriez leurs idées superstitieuses, lui
disent-ils, et leur feriez croire que les prières va-
lent mieux en un lieu qu'en un autre ; vous
ramèneriez les habitants des Biolaires à Germany ; nous vous suivrions tous. » Il a dû, en
conséquence, renoncer à ce projet ; mais il fait
aux deux familles des visites assez longues,
assez fréquentes, pour montrer qu'il ne s'occupe
nullement du soin de sa vie, quand il s'agit de
remplir un devoir.

Enfin, mon ami, nous avons regagné quatre
familles de six qui nous avaient abandonnés,
et cependant nos alarmes ne sont pas moins
cruelles. On dirait que l'intérêt, concentré sur
moins de personne, augmente plutôt que de
s'affaiblir, et je pense qu'une seule vie exposée
ne troublerait pas moins notre sommeil.

Sais-tu cependant qui porte envie à Louise et
à Fanny Brémont ? C'est Jenny Préroman. Elle
disait à notre sœur : « Pourquoi mon père et ma
mère n'ont-ils pas eu la confiance de ces pauvres
gens ? Nous serions ensemble à Germany, et je
me trouverais bien heureuse. »

Aux Biolaires, 15 novembre.

Quoique la saison soit avancée, les soirées sont quelquefois magnifiques. Tu connais ces contrastes particuliers à nos pays de montagnes ; l'hiver est déjà sur nos têtes ; autour de nous l'automne se meurt avec ses dernières feuilles ; et là-bas, sous nos pieds, des souvenirs de la belle saison nous sourient encore dans les prairies et les vergers. J'avais admiré avec papa le coucher du soleil, et la nuit était déjà montée du creux des vallons jusqu'aux derniers sommets, quand je lui dis : « Il me prend un désir de savoir ce qu'on fait à Germany. Permettez-moi de m'y rendre ; dans une heure, au plus tard, je serai revenu. — Va, me dit-il, je t'attendrai dans ces prés, pour ne pas inquiéter ta mère. »

Je pris ma course, et je me trouvai bientôt à l'entrée du village. La nuit étoilée, sans me permettre de distinguer les objets, me laissait entrevoir les plus apparents. Tu comprends qu'un village presque abandonné doit se présenter assez tristement à l'imagination ; cependant les deux lumières que j'aperçus bientôt m'attristèrent plus

encore que l'obscurité des autres demeures.
J'allai d'abord chez les Montadier, et je fus accueilli par les sourds aboiements de leur vieux dogue, qui ne tarda pas à me reconnaître et vint au devant de moi, en me faisant mille caresses.
« Qui va là ? s'écriait en même temps le père Montadier, qui ouvrait sa porte, mais il s'aperçut bientôt aux allures de Sultan, qu'ils avaient affaire à un ami. C'est vous, monsieur Théodore! qu'est-ce qui vous amène si tard ? — Tout simplement le désir de vous souhaiter le bonsoir, lui répondis-je, et j'entrai chez lui. Je trouvai le père et le fils occupés dans leur cuisine à fabriquer des tuteurs avec les tiges de jeunes sapins.
—Voilà de quoi soutenir vos arbres et les nôtres, me dit Montadier. Il faut être prévoyant et trouver cela sous la main ; car, voyez-vous, monsieur Théodore, un jeune arbre sans tuteur est aussi exposé qu'un jeune homme, qu'on laisserait en faire à sa tête. » Ces pensées d'avenir dans un lieu constamment menacé me touchèrent. Je m'assis auprès du foyer, et je demandai des nouvelles de la montagne. Isaac me présenta un petit tableau, très-proprement fait, de leurs dernières observations, avec autant de calme que s'il s'était agi de la pluie et du beau temps ou

des hauteurs du baromètre. Pendant que je par-
courais le tableau, Montadier servait la soupe ;
j'en pris quelques cuillerées avec eux et je me
retirai, malgré leurs instances, en leur disant
que je craignais de trouver les Brémont déjà couchés. Là, nouveau spectacle : on avait soupé ; la
mère et les filles serraient les objets de couture
et le rouet, qui les avaient occupées depuis la
chute du jour ; le père ouvrait sur la table de
chêne la Bible in-folio d'Ostervald, Brémont la
feuilletait. Il m'accueillit avec joie, mais sans
surprise. « Vous arrivez bien à propos, me dit-il,
mon cher monsieur Théodore, et notre édification
y gagnera ; vous allez nous faire vous-même la
lecture, et vous ne refuserez pas de dire une
prière pour nous. » Je m'empressai de faire ce qu'il
me demandait. Après avoir lu le quatorzième
chapitre de l'Evangile selon saint Jean, je fis une
prière qui dut être éloquente, si le latin dit vrai,
pectus est quod disertum facit [1], car j'avais le
cœur vivement ému.

Cependant je me suis bien gardé de faire des
allusions marquées au danger particulier de ceux
pour qui je priais ; et, quand nous eûmes fini,

[1] C'est le cœur qui rend éloquent.

je causai tranquillement avec la petite famille,
avouant qu'elle était mieux logée que nous.
Mais, quand je fus dehors avec Brémont, qui
m'accompagnait, je lui dis : « Pouvez-vous bien
exposer avec vous Louise et Fanny? — Les
croyez-vous exposées, monsieur? Allez, elles ne
le sont point, car elles sont parfaites en la foi,
et leur sûreté garantit la nôtre. » Cette réponse
m'affligea : cependant je n'eus pas le courage de
répliquer, et je crus devoir laisser au pasteur
cette tâche difficile et délicate. Je rejoignis notre
père, et lui rendis compte de ce que j'avais vu.
Quand nous rentrâmes dans notre cabane, maman jeta sur nous un regard inquiet : « Prions
Dieu, nous dit-elle ; il est tard, et je commen-
çais à m'étonner de votre absence. »

Aux Biolaires, 22 novembre.

Sommes-nous arrivés au bout de nos épreuves ? J'ose le croire, car il ne me semble pas que
nous puissions en ressentir de plus cruelles. Je
devrais te les épargner peut-être, pauvre exilé :
elles seront en effet plus dures encore pour toi que
pour nous ; mais j'obéis à la volonté maternelle;
maman veut que vous soyez, Caroline et toi, informés de tout ce qui se passe. Elle-même con-

tinue d'écrire à Caroline, en l'invitant, comme toi, à prendre patience. « Que chacun de vous fasse tout son devoir, nous dit-elle ; je tâcherai de remplir le mien. » A cette voix, papa lui-même obéit et laisse agir notre mère. « Oui, nous dit-il souvent, elle fait son devoir. »

Sophie Brémont est tombée gravement malade; elle a perdu toute connaissance, et son état est devenu d'abord si alarmant, qu'il a été impossible de l'amener aux Biolaires par le temps rigoureux et les affreux orages qu'il fait depuis une semaine. Le médecin, qui vient tous les jours, a déclaré que ce serait une extrême imprudence. Cependant Sophie réclamait les soins les plus assidus et les plus attentifs. « Elle m'a veillé plus d'une fois quand j'avais besoin de secours, a dit maman : elle n'aura point d'autre garde que moi. » Nous nous sommes récriés contre cette résolution ; mais j'ai vu d'abord dans les yeux de papa qu'il n'empêcherait point son Emilie de remplir ce qu'elle regarde comme un devoir sacré. Il a versé quelques larmes, puis il a embrassé maman, et sur-le-champ elle a fait ses préparatifs de départ. Voilà six jours qu'elle est au village avec la femme de Philippe, la bonne Françoise, qui a voulu partager les risques et la fatigue de maman. Elles se succèdent au chevet de Sophie ; j'apporte assez souvent de leurs nouvelles ; mais papa n'ose paraître que rarement à Germany. « Conservons-leur l'un de nous deux, » lui dit-elle. Papa fait une profonde pitié à ses paroissiens. Les Gérolle se reprochent amèrement d'avoir tant pressé leurs voisins de retourner au village. Pour lui, il est patient et résigné ; mais à coup sûr, il souffre tout ce qu'on peut souffrir. Je t'écrirai tous les jours quelques mots, pendant cette crise alarmante ; mais je te répète les ordres de maman, qui me sont aussi douloureux qu'à toi-même : « Demeurons tous au poste du devoir. »

Aux Biolaires, 23 novembre.

Il n'y a point de changement dans l'état de Sophie, qui n'a pas recouvré sa connaissance. Le médecin a fait éloigner Louise et Fanny, car la maladie de leur mère est contagieuse. Nouveau surcroît de douleur et d'inquiétude pour nous. Mme Antoinette et Jenny ont recueilli les deux petites chez elles. Maman se porte bien.

Aux Biolaires, 24 novembre.

Hier au soir la montagne a fait entendre son

bruit faiblement, mais durant l'espace d'une grande demi-heure. Heureusement, j'étais chez Brémont. Cet homme est bien à plaindre : il ne cesse de nous témoigner ses regrets. Dans la journée, maman est venue nous faire une visite, et, comme elle nous voyait troublés au moment de son départ : « Montrez-vous plus calmes, nous a-t-elle dit, sinon je ne reviendrai plus. » Elle s'en est retournée l'air joyeux et serein.

Aux Biolaires, 25 novembre.

Point de changement encore ; mais rien de fâcheux en ce qui touche notre maman. Je t'avoue que, les choses étant ainsi, nous sommes heureux de sentir les deux Montadier au village. Ils demeurent vis-à-vis de Pierre Brémont, et c'est une sécurité de plus pour nous. Leur zèle est touchant. Si tu voyais comme ils sont pourvus d'armes ! Leur maison est un petit arsenal. Eh ! qui pourrait menacer deux femmes au chevet d'une pauvre malade ? Ce n'est pas de ce côté-là que nous craignons d'être frappés. Mais cette montagne ! ah ! mon ami, c'est seulement aujourd'hui que j'apprécie le danger à sa juste valeur, et mes angoisses me font prévoir les tiennes. J'appréhende l'arrivée de la première lettre où tu nous parleras de ce triste sujet.

Aux Biolaires, 26 novembre.

Le médecin trouve l'état de Sophie un peu moins grave, et cela devrait apporter quelque allégement au mal cruel que nous souffrons nous-mêmes, mais il dit qu'en aucun cas la malade ne peut encore être déplacée. Il faut bien croire que, si sa conscience lui permettait de faire transporter Sophie aux Biolaires, il aimerait mieux lui donner ses soins dans un lieu plus voisin de la ville et qui n'offre aucun danger. Ce docteur passe toujours un temps assez long auprès de Sophie Brémont ; c'est aussi un de ces nobles cœurs qui ne songent qu'à remplir leur devoir. Cependant il nous plaint, et ne nous laissera pas dans l'angoisse, aussitôt qu'il lui sera permis de nous en tirer.

Aux Biolaires, 27 novembre.

La malade a repris connaissance, et ce moment a été bien pénible pour elle : la présence de maman et de Françoise lui a fait comprendre les malheureuses conséquences de son séjour à Germany. Elle se répandait en regrets, en excuses. Il a fallu lui faire quelque violence pour qu'elle consentît à recevoir les soins de ses voisins. On lui a donné de bonnes nouvelles de ses enfants, ce qui l'a beaucoup attendrie.

Maman écrit tous les jours quelques mots à Caroline ; elle a dû lui défendre, comme à toi, de se mettre en voyage, en la prévenant que cela ne changerait rien à l'état des choses. Maman a déclaré qu'elle seule ramènerait Sophie aux Biolaires, si cette pauvre femme est conservée à ses enfants.

Aux Biolaires, 28 novembre.

Nous l'avons reçue cette lettre si redoutée, et l'expression de tes sentiments n'est pas moins forte que nous l'avions présumé. Mais pourquoi ces menaces, cher Gustave ? Comment peux-tu dire que notre père lui-même ne t'empêchera pas de retourner au pays et que nous te verrons plus tôt que nous ne pensons ? Papa s'est d'abord vivement ému d'un pareil langage. Serait-ce une révolte ? Impossible. En relisant ta lettre, nous croyons y découvrir quelque sens mystérieux, que tu ne tarderas pas sans doute à nous expliquer.

Cher ami, si par malheur tu t'es laissé emporter
à quelque vivacité irréfléchie, je t'en conjure,
n'ajoute pas cette peine à celles que souffrent nos
parents. Efface bien vite la fâcheuse impression
que ces paroles obscures ont produite chez nous.
J'ai vu que papa t'écrivait de son côté, et je ne
veux pas t'en dire davantage.

Aux Biolaires, 29 novembre.

Quel est donc ce projet dont nous entendons
parler confusément? Tu aurais adressé un Mémoire à notre gouvernement? M. F., membre du
conseil d'Etat, en a dit quelque chose à une personne par qui cela nous est revenu. Ces bruits ne
sont-ils pas en rapport avec les termes de ta
lettre? Cher Gustave, si je t'ai parlé d'une manière un peu vive, pardonne-moi. Rien de nouveau à Germany; maman se porte bien, quoi-
qu'elle soit fatiguée.

Aux Biolaires, 30 novembre.

Cher ami,

Ce matin, pendant que je faisais une leçon à
mes frères, papa est entré vivement et m'a dit à

voix basse : « Je te remplacerai ; va voir ce qui se passe à Germany. J'irais, si je pouvais manquer de parole à ta mère. » J'ai couru, et, en approchant, je n'ai pas tardé à m'apercevoir qu'il y avait quelque trouble dans la montagne. J'ai senti la terre frémir sous mes pas. Ah! mon ami, que ces tremblements, que ces tonnerres étaient peu capables de m'arrêter ! Je courais auprès de maman ; je n'aurais pas reculé, quand j'aurais vu des gouffres ouverts devant moi ! Il n'y avait rien de pareil ; c'est toujours le même bruit, le même ébranlement, et le phénomène est toujours circonscrit dans les mêmes limites : il n'y en a que pour Germany et son territoire. Maman ne pouvait me blâmer d'être accouru, puisque j'avais suivi l'ordre de papa ; mais j'ai vu que ma présence l'affligeait, et j'ai dû revenir aussitôt que la montagne se fut apaisée. Cette agitation ne se renouvelle guère que deux fois par jour. C'est une crise ; la montagne est malade : mais qui sera son médecin ? Qui nous délivrera des mortelles inquiétudes où nous sommes? Celles de Pierre Brémont seront bientôt dissipées, nous commençons à l'espérer. Le docteur assure que Sophie est en voie de guérison, mais on ne pourrait la déplacer encore sans un extrême danger.

Aux Biolaires, 31 novembre.

Le voilà donc enfin ce secret que tu nous avais
si bien gardé ! Méchant, nous apprenons par
d'autres que tu as proposé au gouvernement de
percer la montagne ; qu'il y a probablement
quelques vapeurs souterraines auxquelles il faut
ouvrir un passage. Et c'est toi qu'on charge de
l'entreprise ! Tes professeurs t'accordent un congé
pour faire cette redoutable expérience ! Et tu
reviens ! Ah ! mon cher Gustave, pouvais-je
supposer que j'appréhenderais ton retour ? C'est
sur un champ de bataille que tu vas paraître !
Et je ne trouve rien de bon, rien d'honorable à
te dire, pour te détourner d'un si glorieux dessein ! Hélas ! nous nous félicitions de voir deux
membres de notre famille à l'abri du fléau, et
celui qui nous paraissait le plus en sûreté, vient
s'exposer au plus terrible danger ! Ainsi le pasteur de Germany ne cessera pas d'être éprouvé,
et, quand il peut espérer que Dieu va lui rendre
sa femme, il voit son fils s'offrir volontairement
à la mort ! Mais quels hommes oseront faire
sous ta direction les travaux que notre conseil
nous annonce ? Quoi donc, vous attaquerez le

géant avec vos faibles armes? Nous croyions faire beaucoup de braver sa colère, et vous irez la provoquer? Mon imagination s'effraie de votre audace. Pénétrer avec le pic et la pioche dans les entrailles d'une montagne tremblante! Tu n'iras pas seul, cher Gustave; je réclamerai ma part de vos dangers. Adieu donc les lettres de Paris! Tu pars lundi, et celle-ci t'arrivera dimanche. Au revoir, cher frère! Nous t'embrasserons dans huit jours; je ne dirai pas que ce soit sans mélange de tristesse; mais depuis longtemps nos plus doux plaisirs sont mêlés d'amertume.

DE THÉODORE A CAROLINE.

Aux Biolaires, 31 novembre.

Ma chère Caroline,

Tu recevras aujourd'hui, comme d'habitude, une lettre de maman, datée de Germany : papa veut que je t'écrive quelques mots de mon côté, afin de te prévenir que nous lui laissons ignorer pour le moment l'arrivée de Gustave. Comme il me dit dans sa dernière lettre qu'il t'a écrit de Paris son départ et la cause redoutable qui le

ramène dans notre vallée, je ne t'en parlerai que
pour t'exprimer nos angoisses, qui sont extrêmes.
Le danger de maman ne peut se prolonger beaucoup encore ; peut-être aurons-nous le bonheur
de la voir incessamment relevée de sa garde périlleuse. Ce sera une faveur de la Providence que
nos craintes ne soient pas accumulées. Mais que
dira cette pauvre maman, lorsqu'elle apprendra
que son fils va courir de plus grands dangers
qu'elle-même? Prie pour tous, chère amie ; tes
prières ont été exaucées jusqu'à ce jour, et le
seront peut-être jusqu'à la fin.

Aux Biolaires, 2 décembre.

Chère Caroline,

Jouissons du bonheur présent sans l'empoi-
sonner par les craintes de l'avenir. Cette journée
a été bénie, et j'ai demandé la faveur de t'en
faire le récit. Gustave m'échappe comme correspondant, Caroline le remplacera. Oh ! que n'était-
elle aux Biolaires ce matin, pour jouir avec nous
de la plus douce fête qui se puisse voir ! Maman
est revenue avec Sophie, désormais rendue à son
mari et à ses enfants. Hier, en quittant Ger-

many, le bon docteur était venu nous dire que, si la malade continuait à se trouver mieux et si le temps le permettait, elle pourrait être amenée aux Biolaires aujourd'hui : il viendrait lui-même en juger. Les deux conditions ont été remplies. D'abord, malgré la saison avancée, la journée a été belle ; un clair soleil a brillé dès le matin, et le léger vent du nord-est, qui soufflait depuis hier au soir, n'avait pas trop abaissé la température ; l'air était doux : tout s'arrangeait au gré du docteur, qui nous a dit en passant : « Cela va bien ; si notre malade a repris quelque force, je vous l'amènerai bientôt. » Dans cette espérance, on s'est hâté de tout disposer chez elle ; Louise et Fanny ne se possédaient pas de joie, et l'intérêt que cette famille inspire est si vif, que toute la paroisse était en l'air et les travaux interrompus. L'idée que les soucis du pasteur allaient cesser, au moins de ce côté-là, entrait pour beaucoup dans cette joyeuse impatience. Les trois Gérolle et Julien Brémont avaient réclamé l'office d'aider le mari à ramener Sophie, et ils avaient suivi le docteur à Germany avec un brancard abrité d'une toile. Au reste, mon père avait invité les habitants à garder le silence devant notre maman sur la prochaine arrivée de Gustave, afin de ne pas troubler sa joie du retour de Sophie. Après une longue attente, ceux qui s'étaient le plus avancés s'écrièrent · « Les voici ! » En effet, nous aperçûmes de loin la petite procession qui venait à nous lentement. Tout le monde aurait couru à sa rencontre, si le docteur n'avait pas d'avance recommandé qu'on ne fît ni bruit ni mouvement, de nature à ébranler les nerfs de la pauvre malade. Il fallut donc l'attendre en silence, et les deux petites filles elles-mêmes furent par nous tenues à l'écart. Nous eûmes cependant permission de nous ranger de côté et d'autre sur le passage du brancard. Comme la toile nous cachait à la vue de Sophie, et que nous ne faisions aucun bruit, elle ne s'aperçut de rien ou du moins ne fut pas trop vivement troublée. Pierre marchait à côté du brancard qui était porté par les quatre voisins ; ils expiaient bien doucement leur faute en ramenant Sophie saine et sauve de ce périlleux Germany. Maman et Françoise suivaient, et nous les aurions saluées par des cris d'allégresse, si le docteur ne nous avait fait des signes répétés pour nous contenir. Mais quelles marques de joie plus expressives que les larmes qui coulaient de tous les yeux! Tous les amis et les voisins marchaient à la suite ; et leurs joyeux chuchotements, leurs gestes animés, donnaient à ce cortége, qui suivait le brancard d'un malade, le caractère d'une fête. Nous rentrâmes chez nous, pendant que maman et sa fidèle Françoise allaient recevoir Sophie dans sa demeure. Elle y fut à peine installée, qu'elle demanda ses filles ; j'eus moi-même la joie de les lui conduire. Mais on ne leur permit de rester qu'un moment auprès de leur mère, qui les tenait embrassées et se penchait sur elles de son chevet. Maman les ramena auprès d'Antoinette, et fit son entrée chez elle aussitôt après.

Hélas ! elle ne tarda pas à deviner, cette bonne mère, que nous étions gravement préoccupés, et, pour ne pas lui laisser supposer quelque chose de pire, papa s'empressa de lui dire la vérité. « Gustave arrive demain, il vient risquer sa vie ! dit-elle douloureusement, et vous me l'avez caché !... Vous avez bien fait, mes amis ; je n'aurais pu remplir ma tâche, si j'avais eu à Germany ce nouveau sujet d'alarme. » Enfin nous voilà sortis heureusement d'une grande épreuve, et nous puisons dans ce bon succès le courage dont nous avons besoin pour celle qui nous attend.

Aux Biolaires, 5 décembre.

Il est arrivé ce bon Gustave ! Et nous avions peine à le reconnaître, tant il s'est formé, depuis trois ans qu'il a quitté le village. C'est un homme fait, et des plus robustes. Ne disons pas que l'air des villes empêche toujours le développement de la plus belle santé. Il était rayonnant de joie et de bonheur ; mais il n'a pas trouvé chez nous la même allégresse. La pensée du danger auquel il vient s'exposer nous attriste et nous effraie. A peine arrivé, il aurait voulu courir à Germany, et nous avons eu beaucoup de peine à obtenir qu'il nous accordât la fin de la journée. Elle n'a pas été tranquille : deux voisins, qui arrivaient du village, sont venus nous dire qu'il y avait du bruit et du mouvement dans la montagne. «Vous verrez, a dit gaîment Gustave, qu'elle a senti mon approche et qu'elle tremble de peur. » Nous avons passé la veillée à l'écouter ; il nous a de nouveau exposé ses idées sur la cause probable du phénomène. Il s'estime trop heureux que le gouvernement ait assez de confiance en lui, malgré sa jeunesse, pour lui donner la direction des travaux qu'il a proposés, et qui ont pour objet d'atteindre le foyer du mal. A vrai dire, nul concurrent ne s'est offert pour lui disputer ce périlleux honneur, que M. Courtain lui abandonne, je pense, bien volontiers.

Les habitants des Biolaires étaient fort impatients de revoir et d'entendre M. Gustave, que sa mission relève encore beaucoup à leurs yeux. Nous sommes allés de cabane en cabane saluer les vieux amis. Gustave a dû recommencer vingt fois le même chapitre, et donner les mêmes explications sur son projet et ses espérances. Cela provoquait des exclamations de tout genre : on s'extasiait ; cependant il était facile de voir que l'incrédulité dominait dans ces esprits rustiques. Pendant la soirée, les ouvriers mineurs sont arrivés. Nous voilà donc, chère Caroline, dans la situation de ces familles qui voient un fils ou un frère partir pour une campagne périlleuse, où la mort doit menacer de cent façons une tête chérie. Elles supportent leurs inquiétudes : nous tâcherons de nous résigner aux nôtres. C'est aussi pour accomplir un grand devoir que notre frère exposera ses jours.

Aux Biolaires, 7 décembre.

La journée d'hier a été consacrée à l'exploraration de la montagne ; mais cette fois j'ai été jugé profane, et l'on n'a pas voulu m'admettre à l'honneur d'accompagner ces messieurs. Le savant géologue, M. Charpentier, est arrivé à neuf heures. Nous l'avons fait déjeuner dans notre cabane, et aussitôt après il est allé parcourir tout le territoire de Germany avec papa et Gustave. Papa donnait les renseignements de fait, et là-dessus messieurs les savants discutaient. Ils ont fixé l'endroit où la mine sera ouverte. C'est vers le bas du vallon, assez près du bois d'Étrambières, à cent pas du lieu d'où s'échappe toujours le gaz acide carbonique. Quelques préparatifs sont encore nécessaires. Gustave brûle d'en venir aux mains avec l'ennemi. M. Charpentier nous donne des espérances ; il voudrait rassurer maman ; mais toute sa science ne va pas jusque-là. Voici Gustave qui veut ajouter quelques mots à ma lettre.

DE GUSTAVE.

Je ne veux pas, ma chère Caroline, perdre la bonne habitude que j'avais de t'écrire, et je vois bien qu'il faut que je te donne aussi de mes nouvelles ; sans cela, au ton lamentable que prennent frère, sœur et maman, tu pourrais déjà me croire un homme mort et enterré. Il s'en faut bien que je voie les choses sous un aspect aussi sombre. Assurément, l'entreprise n'est pas sans quelque danger. Mais on ne se voue pas à l'exploitation des mines pour demeurer les bras croisés et les pieds sur les chenets. Ma vie sera une lutte continuelle avec les forces de la nature, ce qui ne m'empêchera pas de vieillir autant que vous. Tous les soldats ne meurent pas à la bataille ; et, le jour où l'on donne l'assaut, un grenadier court plus de risques en un moment que je ne vais en courir pendant des semaines et des mois. Cependant l'objet de mon travail n'est pas moins honorable ; je crois même que, si je parvenais à consolider notre montagne sur sa base, je passerais pour avoir fait un miracle. Cela vaut bien la peine d'affronter quelques menaces. Adieu, bonne petite sœur ; je t'aime ici comme à Paris.

Aux Biolaires, 9 décembre.

Oui, ma chère Caroline, tu sauras tout, exactement tout, comme si tu étais aux Biolaires, et maman, se croyant plus sûre de ma fermeté que de la sienne, me charge de te mander tout ce qui va se passer entre Gustave et la montagne. Hélas ! il faut commencer par te dire qu'elle se fâche toujours davantage et qu'elle effraie les plus résolus.

Nous étions couchés depuis longtemps; il était près de minuit, mais Gustave, qui partage ma chambrette et mon lit, me parlait encore à voix basse des travaux qu'il prépare, lorsqu'il m'a dit en s'interrompant : « N'entends-tu pas quelque chose ? » Et moi je n'entendais rien. « Alors, a-t-il ajouté, je suis déjà plus familiarisé que toi avec la montagne, car assurément elle a grondé. » Nous prêtons encore l'oreille, et cette fois, sans aucun doute, nous avons entendu un mugissement lointain. Il nous a semblé même éprouver un léger tressaillement. « Une pareille chose n'est pas encore arrivée aux Biolaires, » dis-je à voix basse. « Eh bien ! gardons le silence, reprit Gustave, les Montadier nous diront demain ce qui s'est passé. » Il ne s'était pas écoulé une demi-heure depuis cet entretien, et nous n'avions pas encore trouvé le sommeil, lorsque nous entendîmes une voix à la porte. On appelait M. le pasteur. « Qui est-là ? dit-il presque aussitôt. — Montadier et son fils, » répondit une voix lamentable. Papa se lève et va répondre ; nous entendons quelques chuchotements, mais bientôt papa élève la voix et nous appelle. On s'habille à la hâte, on allume la lampe ; et nous voyons entrer les Montadier, le père d'une pâleur mortelle, le fils la tête ensanglantée. On s'occupe d'abord du blessé ; on le lave, on examine la blessure, qui paraît assez grave, bien que le pauvre Isaac assure que ce n'est rien ; cela ne nous a pas empêchés de lui mettre des sangsues ; nous l'avons couché dans mon lit, puis, lorsqu'il eut déclaré qu'il se sentait beaucoup mieux, et demandé seulement qu'on le laissât prendre un peu de repos, nous avons allumé du feu , et Montadier nous a conté leur aventure.

Cette fois ils désertaient le village ; leur maison avait tremblé ; ils s'étaient levés en sursaut, s'étaient habillés, et, dans le moment où ils sortaient de chez eux, une nouvelle secousse ayant fait crouler la cheminée, une pierre avait frappé Isaac à la tête. Ils fuyaient et se trouvaient déjà tout près du presbytère, lorsqu'ils s'arrêtèrent de nouveau, délibérant sur ce qu'ils devaient faire ; et ces hommes intrépides seraient retournés chez eux, si un quartier de roc, tombé de la montagne avec fracas, n'avait franchi la route à quelques pas devant eux, avec une telle violence que l'impression de l'air avait failli les renverser. Ce terrible accident, le bruit des arbres fracassés, la blessure d'Isaac, avaient décidé les Montadier à ne pas retourner sur leurs pas, et, le père soutenant le fils, ils s'étaient rendus chez nous, bien punis, disait le pauvre Montadier, de n'avoir pas écouté leur sage et bon pasteur. Et maintenant ils sont les plus ardents à décourager Gustave de son audacieuse entreprise. Il a répondu que c'était au contraire une raison pour travailler d'urgence. S'il ne tenait qu'à lui, l'on commencerait demain.

Aux Biolaires, 10 décembre.

Nous sommes allés, Gustave et moi, par un temps froid et brumeux, examiner si l'état des lieux est bien changé depuis les dernières secousses. Le premier objet qui ait frappé notre vue, c'est le malencontreux rocher qui s'est arrêté à l'angle de notre jardin, non sans briser bien des arbres sur son passage. C'est notre noyer qui l'a retenu, mais à ses dépens ; le tronc est fort endommagé, et il est à craindre que notre vieil ami n'y survive pas.

Au reste, nous n'avons pas vu d'autre dommage, et la cheminée des Montadier paraît être la seule écroulée. La neige couvre le sol ; on ne peut se figurer que sous ce froid linceul des feux souterrains bouillonnent peut-être. La saison n'empêchera point de commencer les travaux. Il n'est pas nécessaire de pénétrer bien avant pour trouver sous terre la température constante que nos hivers les plus froids et nos étés des plus chauds ne peuvent jamais altérer. Gustave, après notre visite au village, m'a renvoyé chez nous pour monter seul sur les hauteurs. Il se prétend maître absolu du territoire ; il a en effet des pouvoirs pour exercer une certaine police ; tu vois qu'il en use en vrai despote...

DE GUSTAVE.

N'ai-je pas raison, Caroline ? Pourquoi donc exposer deux vies au lieu d'une, puisqu'on dit qu'il y a quelque danger ? Quand les soldats vont ouvrir le feu, on envoie les curieux et les amateurs hors de la portée des coups. Au reste, je n'ai fait aucune découverte fâcheuse ; la terrible crevasse ne s'est pas rouverte. Adieu, ma chère petite sœur. Veillez bien sur vos digues :

voici la nouvelle lune, et l'on prévoit de très-
fortes marées. Quand vous serez à l'abri du
péril , je vous permettrai de songer au mien.

Aux Biolaires, 15 décembre.

Voici des difficultés imprévues : les ouvriers
que Gustave avait engagés ne veulent pas se
mettre à l'ouvrage, alléguant que l'entreprise
est plus dangereuse qu'il ne l'avait dit. Il était
arrêté, si nos braves gens de Germany ne lui
avaient offert leurs services. S'il ne faut que des
bras, du zèle et de l'obéissance, ils sont prêts,
disent-ils ; ils sauront manier le pic et la pioche aussi bien que tout autre ; Baral, le fontenier, a creusé dans sa vie plus d'une mine, et
Chamalais, le carrier, est accoutumé à faire sauter les pierres avec la poudre. « M. Gustave n'a
qu'a nous mener à sa fantaisie, se sont-ils écriés ;
il ne trouvera point d'ouvriers plus dociles ;
c'est pour nous qu'il travaille, pour sauver nos
terres et nos maisons : il est juste que nous par-
tagions sa peine. L'honneur du succès sera tout
entier pour les enfants du pays. »[1]

---

[1] Ici quelques lettres manquent.

DE M. BUSSANGE.

Aux Biolaires, 10 janvier.

Tu reçois presque journellement des nouvelles de nos travailleurs, ma chère enfant, et je n'en sais guère davantage. Gustave use à son tour de ses droits avec une autorité absolue, et ne permet pas que personne s'expose sans nécessité. Avec l'approbation du gouvernement, il fait observer ici une discipline militaire à laquelle tout doit céder ; ses ouvriers se remplacent à tour de rôle ; lui seul ne quitte pas le terrain, où sa présence est, il est vrai, d'autant plus nécessaire que les travailleurs sont moins expérimentés. L'imagination s'effraie à la pensée qu'ils vont au devant du fléau, et que leur travail diminue sans cesse l'épaisseur de la barrière qui les sépare du foyer. Je demande à Gustave comment il s'y prendra pour finir ; car ils ne peuvent s'exposer sans aucune chance de salut à l'explosion qu'ils prévoient. En attendant, chaque coup de pioche peut amener une rupture, qui serait peut-être la mort des ouvriers et de leur chef !... On ne travaille que le jour ; nous avons obtenu de Gustave cette concession. D'ailleurs il ne permettrait pas à ses hommes d'agir en son absence : il veut observer lui-même la nature des couches qu'on traverse. Au reste il emploie toutes les mesures de précaution usitées dans les travaux des mines, et tâche de nous rassurer en faisant bonne contenance. Théodore voudrait bien s'enrôler parmi les ouvriers, mais Gustave le refuse impitoyablement. « A chacun son œuvre, » lui dit-il. Moi-même je suis exclu comme un profane ; et je dois laisser agir Gustave comme j'avais laissé la maman. Dieu veuille que ce soit avec le même succès !

DE M. BUSSANGE.

Aux Biolaires, 20 janvier.

Tu me demandes, ma chère enfant, si j'ai bien mûrement réfléchi avant de me résoudre à laisser Gustave entreprendre son travail. Rappelle-toi d'abord qu'il s'est adressé directement au conseil d'Etat, et qu'il a proposé, sans nous consulter, ses services pour l'exécution du projet qu'il présentait. A-t-il eu tort d'agir ainsi? Je n'ose l'affirmer ; mais pouvions-nous ensuite, ta

mère et moi, nous opposer à l'entreprise, approu-
vée, encouragée par le gouvernement? Ta maman elle-même a reconnu que c'etait la chose
impossible. Une mère chrétienne ne renonce pas
à la tendresse maternelle, mais elle n'a pas
moins de fermeté qu'une Spartiate. Elle s'est ré-
signée; devais-je faire moins? Nous passons nos
journées dans l'attente du soir, moment heureux
où notre fils nous est rendu.

Il nous assure que nulle précaution n'est
omise pour prévenir les accidents ordinaires
dans ces travaux souterrains; cependant j'ai
voulu m'en assurer par mes yeux, et je me suis
permis pour cela d'enfreindre la défense de notre
ingénieur. L'excellent Georges Duronal, maître
charpentier à Bretogny, étant venu aux Biolaires,
où il était demandé, je l'ai consulté en confi-
dence sur la valeur des étayements que Gustave
a fait construire dans la galerie. « Il faudrait les
voir, m'a-t-il répondu. — Consentiriez-vous à
les visiter? » ai-je repris. Sur sa réponse affir-
mative, nous nous sommes rendus secrètement,
à neuf heures du soir, dans le souterrain. Nous
avons tout visité avec l'attention la plus grande,
et Georges Duronal ne se lassait pas d'admirer
l'habile et solide construction de cette charpente.

« Il n'y a rien à craindre de ce côté, disait-il, mais gare la bombe ! » a-t-il ajouté, en pensant à ce qui peut nous attendre au bout. Ces simples mots m'ont fait frémir.

Cependant M. Charpentier continue de nous visiter ; il a de longues conférences avec Gustave ; puis-je croire que, si nous n'avions pas beaucoup de chances favorables, cet homme, aussi bon que savant, le laisserait poursuivre son travail ?

D'ailleurs la conduite de notre fils n'est pas moins prudente que courageuse. La première fois que les mineurs furent troublés par les bruits souterrains, ils s'enfuirent précipitamment, en poussant des cris. Je n'ai pas besoin de te dire que Gustave sortit le dernier, sans témoigner de frayeur, mais il ne fit pas non plus le brave mal à propos, et ne permit la reprise du travail qu'une heure après la cessation complète du bruit et des mouvements.

Jusqu'à présent les ouvrages n'en ont pas souffert le moins du monde, et, chose admirable, sur douze fois que la montagne a tremblé depuis le commencement des travaux, on ne compte que deux crises qui aient eu lieu pendant le jour ; les autres ont été constatées pendant la nuit par les hommes que nous tenons au guet.

Gustave est toujours plein d'espérance ; son humeur enjouée ferait le charme de nos veilles, si nous n'avions pas la crainte du lendemain. Tu peux juger si elle trouble souvent notre sommeil. Pour lui, il repose paisiblement. Quand je le vois si doucement endormi, je m'arrête quelquefois à le contempler ; je le bénis et je prie. Je te remercie, ma chère enfant, des lettres que tu écris à ta mère : on ne saurait mieux dire et mieux sentir. Pauvre Émilie ! elle a besoin de notre courage et du tien !

DE THÉODORE.

Aux Biolaires, 31 janvier.

Délivrance ! délivrance ! triomphe ! gloire ! fortune !... Parlons plus sagement, bonne Caroline, et bénissons le Seigneur, qui vient d'exaucer tous nos vœux... Gustave avait raison : l'expérience l'a prouvé ; selon toutes les probabilités, il a pleinement réussi, et cet heureux succès est obtenu sans que nous ayons à déplorer le moindre accident. Je vais essayer de t'en rendre compte, si j'en suis capable avec l'émotion qui m'agite encore.

Gustave s'apercevait depuis deux jours que la température du sol fouillé par ses ouvriers s'élevait peu à peu : dès lors il n'admit plus dans la mine que ceux dont le courage et la discrétion lui donnaient une entière confiance. Il ne voulait pas que les alarmes du dehors vinssent le troubler et peut-être l'interrompre. Ce matin, pour la première fois, il décida avec les trois Gérolle, Montadier, Jean Gausal, Henri Blavet, le fontenier Boral et le carrier Chamalais, qu'on emploierait la poudre pour faire sauter un bloc de rocher qui faisait obstacle. Les choses avaient été préparées dès la veille. Quand tout fut disposé, Henri Blavet fut envoyé à mon père pour le rassurer, et avec lui tous les habitants des Biolaires, s'ils entendaient peut-être une détonnation. Lorsqu'on supposa que Blavet pouvait être aux Biolaires, la mêche fut allumée; elle laissait à chacun le temps de s'éloigner. L'explosion fut assez faible et très-sourde. La fumée s'étant bientôt dissipée, les ouvriers voulaient courir dans la mine pour constater l'effet. Gustave le leur défendit, et décida qu'on n'entrerait qu'au bout d'un quart-d'heure. «Car, disait-il, l'ébran-

lement peut ouvrir les voies aux vapeurs souterraines. » Le chef et les ouvriers étaient postés
sur un plateau; vis-à-vis de la pente où la mine
est ouverte. Tout-à-coup une seconde explosion,
une explosion formidable, se fit entendre. Le
bruit retentit dans toute la vallée, et fut répété
par les échos des montagnes. Et, quoi que pût
dire Henri Blavet, tous les habitants des Biolaires entrèrent dans une extrême agitation. On
ne voulait pas croire qu'un peu de poudre eût
produit une si épouvantable détonnation; et lui,
qui n'avait pas entendu la première, affirmait
que ce n'était pas autre chose. Nous courons,
quoi qu'il puisse dire ; j'étais le premier. En
approchant, nous voyons monter dans l'air une
vapeur blanchâtre. « C'est la fumée du coup!
disait Blavet; » mais cette fumée ne cessait pas
de s'élever avec une abondance prodigieuse, et
bientôt nous vîmes nos amis agiter leurs cha-
peaux ou les jeter en l'air. Ils poussaient des cris
de joie, parmi lesquels des vivats à Gustave ne
tardèrent pas à frapper nos oreilles. Un moment
après, il s'élance à ma rencontre, il me serre dans
ses bras, puis il ajoute : « Va, va constater notre
succès , me dit-il, une source thermale magnifique ! Pour moi, je cours embrasser maman et

la rassurer, car tout va bien ; je n'ai pas à regretter un seul ouvrier ! »

Ma chère Caroline, je l'ai vue à mon tour cette source bouillonnante ! Elle serpentait déjà bien loin de son origine, exhalant dans l'air d'épaisses vapeurs. Chacun s'en approchait avec ravissement ; on y trempait les mains, puis on les retirait aussitôt avec surprise, car la température de l'eau est fort élevée. Au bout de quelques moments, je lève les yeux et je vois papa au bord de la source ; il était immobile, les mains jointes, les yeux baissés, et paraissait plongé dans une profonde rêverie. Je m'approche : des larmes tombaient de ses yeux dans la source fortunée ! « Que de choses nous arrivent, me dit-il ; quelles conséquences vont découler de ce merveilleux événement ! Ton frère a sauvé Germany, mais il en a changé la destinée. »

Gustave parut tout-à-coup, et d'une voix ferme il s'écria : « Mes amis, vous savez la consigne : retirez-vous à l'instant. Le premier moment de surprise nous a fait sortir de la règle : mais il n'est pas sûr encore que tout danger soit passé. — Il a raison, » dit papa, et le premier il donna l'exemple de l'obéissance.

C'est en arrivant ici que j'ai pris la plume pour

t'écrire à la hâte. Nous ne voulions pas te dérober un seul jour du bonheur que tu vas goûter.

DE CAROLINE A MADAME LEUWEN. [1]

Germany, 12 juin 18...

Ma chère dame,

Est-il vrai que vous n'ayez pas encore pardonné aux bains de Germany, au bout de dix années? Si vous venez éprouver la vertu de ces eaux salutaires, et si elles rendent la santé à notre cher M. Leuwen, vous changerez de sentiments, je l'espère. L'heureuse découverte de cette source thermale fut, il est vrai, la cause qui me ramena dans ma patrie plus tôt que je n'avais supposé. Vous me rendîtes obligeamment ma liberté. Dès lors votre voyage et votre long séjour à Batavia ont interrompu notre correspondance. Vous me demandez des nouvelles de ma famille. Dix années ont accumulé sur elle les bénédictions du Seigneur. Mes parents jouissent encore

[1] Cette lettre, comme on le voit par les premières lignes, fut écrite plusieurs années après les autres.

d'une bonne santé ; maman est toujours la consolatrice des malades et des affligés ; mon père, affaibli par l'âge, avait besoin d'un suffragant : c'est mon frère Théodore qui remplit auprès de lui ces fonctions, avec un zèle et un succès qui nous comblent de joie. Théodore a épousé Jenny Préroman, cette pieuse orpheline, dont le malheur excita votre compassion ; Jenny est mère de trois jolis enfants. Elise et Marguerite sont fiancées ; Rodolphe est entré dans une école d'agriculture ; Benjamin va faire sa première communion. Le savant Gustave, devenu le directeur des bains que nous devons à sa courageuse tentative, est sur le chemin de la fortune, et, ce qui lui tient plus à cœur, l'établissement qu'il surveille fait beaucoup de bien. Les bains de Germany, auxquels mon mari est attaché comme médecin, n'attirent que les vrais malades ; grâce à Dieu, le monde frivole n'en a pas appris le chemin. Les habitants ont gagné quelque aisance à ce voisinage, sans perdre les mœurs pures, les habitudes bienveillantes, la piété sincère, qu'ils doivent en grande partie aux leçons et surtout à l'exemple d'un pasteur vénéré. Venez, madame, venez passer parmi nous quelques semaines : vous trouverez un pays charmant, une population paisible, échappée sans doute pour jamais aux dangers dont vous m'avez vue si troublée. Vaines alarmes! Le Seigneur les a dissipées, et il a changé le mal en bien.

FIN.

Heures de Recueillement chrétien, par A. Tholuck; traduit de l'allemand par A. Sardinoux; 4 vol. in-18.   8 fr.
Institutrice (une) **en Angleterre.** Histoire de trois amies, par Mme Clémence Broussel; 2 vol. in-12.   6 fr.
Journal de Jean Migault, ou Malheurs d'une famille protestante du Poitou, à l'époque de la révocation de l'édit de Nantes ; in-12.   1 fr. 50 c.
Laure et Henri, par Miss Sinclair; traduit de l'anglais par Mlle Rilliet de Constant; in-12 illustré.   4 fr.
Maître (le) **d'Ecole et son Fils.** Épisode de la guerre de trente ans. Ouvrage dédié aux chrétiens des villes et des campagnes, par Gaspari ; in-12.   1 fr. 50 c.
Méthode naturelle et premier livre de lecture, par N. Roussel ; in-12.   30 c.
Mémoires de Théodore-Agrippa d'Aubigné ; in-12.   3 fr. 50 c.
Mémoires pouvant servir à l'histoire du réveil religieux des églises protestantes de la Suisse et de la France, et à l'intelligence des principales questions du jour, par A. Bost ; 3 vol. in-8.   10 fr.
    Le troisième volume, faisant supplément, se vend séparément.   3 fr.
Nations (les) catholiques et les nations protestantes, comparées sous le triple rapport du bien-être, des lumières et de la moralité, par Nap. Roussel ; 2 vol. in-8.   10 fr.
Nègre (le) **du Congo.** Histoire racontée à la jeunesse par Horn ; in-18 illustré.   1 fr 20 c.
Notes explicatives et pratiques sur les Évangiles, par Albert Barnes, des États-Unis, publiées par Nap. Roussel; 2 vol. in-8. 7 fr. 50 c.
Nouveau (le) **Testament** de Notre-Seigneur Jésus-Christ, avec des notes explicatives et des introductions à chaque livre, d'après M. O. de Gerlach, par L. Bonnet et Ch. Baup; 2 forts vol. gr. in-8.   30 fr.
    Le tome II, seul, comprenant les Épitres et l'Apocalypse.   18 fr.
Raison (la) en face du tombeau de Jésus-Christ, par Puaux ; in-12.   3 fr.
Scènes intimes, par Mmes Desbordes-Valmore, Caroline Olivier, et l'auteur des *Réalités de la vie domestique;* in-12.   3 fr. 50 c.
Souvenirs d'un vieillard, par E. Souvestre ; précédé d'une Notice biographique et littéraire sur l'auteur ; 2 vol. in-18 avec portrait.   3 fr. 50 c.
Trois Mois en Irlande, par Nap. Roussel ; in-12.   1 fr. 25 c.
Vie (la) **chrétienne.** Exposition pratique de la première épître de saint Pierre; traduit de l'anglais de R. Leighton, par L. Bonnet; 2 vol. in-12. 6 fr.

VIENT DE PARAITRE :

Le Bienfait de Jésus-Christ crucifié envers les chrétiens. Ouvrage célèbre du XVIe siècle, récemment retrouvé à Cambridge ; traduit de l'italien et précédé d'une introduction historique, par L. Bonnet ; in-12. 1 fr. 50 c.
De la Religion dans les choses de la vie usuelle. Discours prononcé devant S. M. la Reine d'Angleterre et le Prince Albert, par le révérend John Caird, M.-A. publié par ordre de S. M. ; in-12.   75 c.
Simple commentaire sur la vie de Jésus-Christ, puisée dans les quatre Évangiles; traduit de l'anglais de Lady Wake par Mlle de Chabaud-Latour; in-8.   5 fr.
Esquisses photographiques à propos de l'Exposition universelle et de la guerre d'Orient. Historique de la Photographie — Développements — Applications — Biographies et Portraits, par Ernest Lacan ; in-12.   3 fr.
Histoire de France à l'usage de la Jeunesse, par Jacques Porchat, in-18.   1 fr. 25 c.

Abbeville. — Imp. de T. Jeunet, rue Saint-Gilles, 106.

LES FEMMES

DU

NOUVEAU TESTAMENT

PAR

NAPOLÉON ROUSSEL

Un volume in-4° sur papier fort et glacé, orné de onze belles gravures sur acier, d'après les grands Maîtres

Ce livre, destiné à toutes les femmes chrétiennes, est plus particulièrement propre, par son exécution typographique, à être offert comme cadeau à l'occasion d'un mariage, d'une première communion, d'un anniversaire, d'un renouvellement d'année, etc. La grandeur du format, la beauté du papier, l'élégance de l'impression et la finesse des gravures, en font un volume à part dans notre librairie.

Le texte est complètement inédit.

Prix : 12 francs.

LE
CULTE DOMESTIQUE

POUR TOUS LES JOURS DE L'ANNÉE

OU

TROIS CENT SOIXANTE-CINQ COURTES MÉDITATIONS

SUR

LE NOUVEAU TESTAMENT

PAR

NAPOLÉON ROUSSEL

NOUVELLE ÉDITION

ORNÉE DE DIX GRAVURES SUR ACIER

Prix : 5 francs

ANNUAIRE
PROTESTANT

STATISTIQUE COMPLÈTE

DE

Toutes les églises, sociétés et établissements religieux protestants

DE FRANCE

IN-18

1855, 60 c., **1856**, 60 c.

1857

SERA CONSIDÉRABLEMENT AUGMENTÉ

1 FRANC

L'ILLUSTRATION

DE LA

JEUNESSE

PAR

NAP. ROUSSEL

DEUX BEAUX VOLUMES IN-4°, ORNÉS DE 120 GRAVURES

BROCHÉ 6 FRANCS

CARTONNAGE ILLUSTRÉ 9 FRANCS

Abbeville. — Imp. de T. Jeunet, rue Saint-Gilles, 106.